重庆市骨干高等职业院校建设项目规划教材
重庆水利电力职业技术学院课程改革系列教材

建筑工程测量

主　编　汪　新　戴　卿
副主编　杨秀伶　谢　波
主　审　孙炳臣

U0364521

黄河水利出版社
·郑州·

内 容 提 要

本书是重庆市骨干高等职业院校建设项目规划教材、重庆水利电力职业技术学院课程改革系列教材之一,由骨干建设资金支持,根据高职高专教育建筑工程测量课程标准及理实一体化教学要求编写完成。本书包括12个项目:项目1 测量基础知识介绍,项目2 常用的测量仪器与误差基本知识,项目3 水准测量,项目4 角度测量,项目5 距离测量,项目6 全站仪的使用,项目7 小地区控制测量,项目8 大比例尺地形图测绘,项目9 施工测量的基本工作与施工控制测量,项目10 民用与工业建筑施工测量,项目11 路线工程测量,项目12 建筑物变形观测与竣工测量。

本书可供高职高专院校建筑技术、建筑管理专业教学使用,也可供土建类相关专业及建筑工程专业技术人员学习参考。

图书在版编目(CIP)数据

建筑工程测量/汪新,戴卿主编 . —郑州:黄河水利出版社,2016. 12

重庆市骨干高等职业院校建设项目规划教材

ISBN 978 - 7 - 5509 - 1617 - 3

Ⅰ. ①建…　Ⅱ. ①汪… ②戴…　Ⅲ. ①建筑测量 - 高等职业教育 - 教材　Ⅳ. ①TU198

中国版本图书馆 CIP 数据核字(2016)第 302284 号

组稿编辑:王路平　电话:0371 - 66022212　E-mail:hhslwlp@ 163. com

出 版 社:黄河水利出版社　　　　　　　　　　网址:www. yrcp. com
　　　　地址:河南省郑州市顺河路黄委会综合楼 14 层　　邮政编码:450003
发行单位:黄河水利出版社
　　　　发行部电话:0371 - 66026940、66020550、66028024、66022620(传真)
　　　　E-mail:hhslcbs@ 126. com
承印单位:河南承创印务有限公司
开本:787 mm × 1 092 mm　1/16
印张:14
字数:320 千字　　　　　　　　　　印数:1—2 100
版次:2016 年 12 月第 1 版　　　　　　印次:2016 年 12 月第 1 次印刷
定价:34. 00 元

前 言

　　按照"重庆市骨干高等职业院校建设项目"建设要求,建筑工程管理专业是该项目的重点建设专业之一,由骨干建设资金支持、重庆水利电力职业技术学院负责组织实施。按照专业建设方案和任务书,通过广泛深入的行业、市场调研,与行业、企业专家共同研讨,不断创新基于职业岗位能力的"项目导向、三层递进、教学做一体化"的人才培养模式,以房地产和建筑行业生产建设一线的主要技术岗位核心能力为主线,兼顾学生职业迁徙和可持续发展需要,构建基于职业岗位能力分析的教学做一体化课程体系,优化课程内容,进行精品资源共享课程与优质核心课程的建设。经过三年的探索和实践,已形成初步建设成果。为了固化示范性(骨干)建设成果,进一步将其应用到教学之中,最终实现让学生受益,经学院审核,决定正式出版系列课程改革教材,包括优质核心课程和精品资源共享课程等。

　　本书根据高等职业教育技术教学的特点,重在突出技能型人才培养特点,符合技能型紧缺人才培养的目标。为使本书更具先进性和实用性,对一些测绘新仪器、新技术和新方法做了相应介绍。根据征求部分测绘与施工单位专家意见,在总结实践教学的基础上,以项目导向、任务驱动为核心,注重各项技能的培养。在对应项目后增加了课后实践项目,增强了学生技能的培养。学生在掌握基本理论知识的同时,加强技能培养、提高实践操作能力。

　　本书由重庆水利电力职业技术学院承担编写工作,编写人员及编写分工如下:汪新编写项目1、2、5、6、7,王志城编写项目3,戴卿编写项目4、9、12,杨秀伶编写项目8,谢波编写项目10,蒲正川编写项目11。本书由汪新、戴卿担任主编,汪新负责全书统稿;由杨秀伶、谢波担任副主编;由孙炳臣担任主审。

　　本书的编写出版,得到了黄河水利出版社及重庆名威建设工程咨询有限公司、重庆市水利电力建筑勘测设计研究院测量所的大力支持,在此一并表示衷心的感谢!

　　由于编者水平有限,书中难免存在错漏和不足之处,恳请广大师生及专家、读者批评指正。

编　者
2016 年 8 月

目　录

模块3　测量综合技能

模块4　施工测量应用

模块 1 建筑工程测量基础知识

项目 1 测量基础知识介绍

测量学是研究如何测定地面点的点位,将地球表面的各种地物、地貌及其他信息测绘成图,以及确定地球的形状和大小的一门科学。它的内容包括测定和测设两部分。测定,又称测图。它是使用测量仪器和工具,通过测量和计算得到一系列的数据,再把地球表面的地物和地貌运用各种符号及数字缩绘成地形图,供科学研究、规划设计、经济建设、国防建设和科学研究使用。其实质就是将地面上点的位置测绘到图上。测设,又称放样。它是将图纸上已设计好的建筑物、构筑物的位置在地面上标定出来,作为施工的依据。其实质就是将图纸上点的位置测设到地面上。

任务 1.1 建筑工程测量的任务与作用

建筑工程测量是测量学的一个组成部分。它包括建筑工程在勘测设计、施工建设和运营管理阶段所进行的各种测量工作。它的主要任务是:

(1)测绘大比例尺地形图:把工程建设区域内的地貌和各种物体的几何形状及其空间位置,依照规定的符号和比例尺绘成地形图,并把建筑工程所需的数据用数字表示出来,为规划设计提供图纸和资料。

(2)施工放样和竣工测量:把图纸上规划设计好的建(构)筑物,按照设计要求在现场标定出来,作为施工的依据;配合建筑施工,进行各种测量工作,确保施工质量;开展竣工测量,为工程验收、日后扩建和维修管理提供资料。

(3)建筑物变形观测:对于一些重要建(构)筑物,在施工和运营期间,定期进行变形观测,以了解建(构)筑物的变形规律,监视其安全施工和运营。

由此可见,测量工作贯穿于工程建设的全过程,其工作质量直接关系到工程建设的速度和质量,因此建筑工程类的学生必须掌握必要的测量知识和技能。

任务 1.2 地面点位的确定

1.2.1 测量工作的基准面和基准线

测量工作的主要研究对象是地球的自然表面,但地球表面形状十分复杂。通过长期的测绘工作和科学调查,了解到地球表面上海洋面积约占 71%,陆地面积约占 29%,世界第一高峰珠穆朗玛峰高出海平面 8 848.13 m,而在太平洋西部的马里亚纳海沟低于海水面达 11 022 m。尽管有如此大的高低起伏,但相对于地球半径 6 371 km 来说仍可忽略不计。因此,测量中把地球总体形状看作是由静止的海水面向陆地延伸所包围的球体。

由于地球的自转运动,地球上任一点都要受到离心力和地球引力的双重作用,这两个力的合力称为重力。重力的方向线称为铅垂线。铅垂线是测量工作的基准线。与所在点位的铅垂线相互垂直的线称为水平线。在建筑工程中,水平线主要用来控制标高,常见的有 0.5 m 线和 1 m 线。处处与重力方向垂直的连续曲面称为水准面。任何自由静止的水面都是水准面。与水准面相切的平面称为水平面。水准面因其高度不同而有无数个,其中与平均海水面相重合并延伸向大陆且包围整个地球的闭合曲面称为大地水准面。大地水准面是测量工作的基准面。由大地水准面包围的地球形体,称为大地体。

大地水准面和铅垂线是测量外业所依据的基准面和基准线。用大地体表示地球形体是恰当的,但由于地球内部质量分布不均匀,引起铅垂线的方向产生不规则的变化,致使大地水准面是一个复杂的曲面(见图 1-1),无法在此曲面上进行测量数据处理。为了使用方便,通常用一个非常接近于大地水准面,并可用数学式表示的几何形体(地球椭球)来代替地球的形状(见图 1-2),作为测量计算工作的基准面。

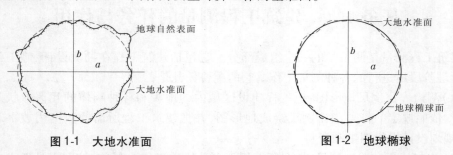

图 1-1 大地水准面   图 1-2 地球椭球

我国 1980 年国家大地坐标系采用了 1975 年国际椭球,该椭球的基本元素是:

长半轴 $a = 6\ 387.14$ km   短半轴 $b = 6\ 356.74$ km   扁率 $\alpha = 1/298.257$

1.2.2 测量坐标系

地球表面上的点称为地面点,不同位置的地面点有不同的点位。地面点必须在选定的坐标系里确定其位置。测量工作的实质就是确定地面点的点位。

1.2.2.1 地面点平面位置的确定

地面点的坐标常用地理坐标系(见图 1-3)和平面直角坐标系表示。

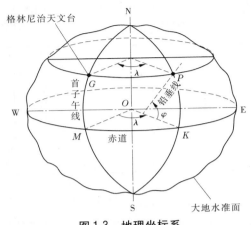

图 1-3　地理坐标系

1. 地理坐标系

按坐标所依据的基本线和基本面及求坐标的方法的不同,地理坐标系又可分为天文地理坐标系和大地地理坐标系两种。

1)天文地理坐标系

天文地理坐标又称天文坐标,表示地面点在大地水准面上的位置,它的基准是铅垂线和大地水准面,它用天文经度 λ 和天文纬度 φ 两个参数来表示地面点在球面上的位置。

如图 1-3 所示,过地面上任一点 P 的铅垂线与地球旋转轴 NS 所组成的平面称为该点的天文子午面,天文子午面与大地水准面的交线称为天文子午线,也称经线。设 G 点为英国格林尼治天文台的位置,称过 G 点的天文子午面为首子午面。P 点天文经度 λ 的定义是:过 P 点的天文子午面 $NPKS$ 与首子午面 $NGMS$ 的两面角,从首子午面向东或向西计算,取值范围是 $0° \sim 180°$,在首子午线以东为东经,以西为西经。同一子午线上各点的经度相同。过 P 点垂直于地球旋转轴的平面与地球表面的交线称为 P 点的纬线,过球心 O 的纬线称为赤道。P 点天文纬度 φ 的定义是:P 的铅垂线与赤道平面的夹角,自赤道起向南或向北计算,取值范围为 $0° \sim 90°$,在赤道以北为北纬,以南为南纬。

可以应用天文测量方法测定地面点的天文经度 λ 和天文纬度 φ。例如广州地区的概略天文地理坐标为东经 $113°18'$,北纬 $23°07'$。

2)大地地理坐标系

大地地理坐标又称大地坐标,是表示地面点在参考椭球面上的位置,它的基准是法线和参考椭球面,它用大地经度 L 和大地纬度 B 表示。P 点的大地经度 L 是过 P 点的大地子午面和首子午面所夹的两面角,P 点的大地纬度 B 是过 P 点的法线与赤道面的夹角。大地经、纬度是根据起始大地点的大地坐标,按大地测量所得的数据推算而得的,我国以陕西省泾阳县永乐镇大地原点为起算点,由此建立的大地坐标系,称为“1980 西安坐标系”,简称 80 系或西安系;通过与苏联 1942 年普尔科沃坐标系联测,经我国东北传算过来的坐标系称“1954 北京坐标系”,其大地原点位于苏联列宁格勒天文台中央。

2. 平面直角坐标系

1)高斯平面直角坐标系

高斯投影是由德国数学家高斯(Gauss)提出,后经德国大地测量学家克吕格(Kruger)

加以补充完善，故又称高斯—克吕格投影，简称高斯投影，如图1-4所示。

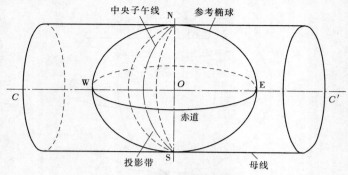

图1-4 高斯—克吕格投影

高斯投影是将地球按经线划分成带，称为投影带，投影带是从首子午线起，每隔经度6°划分为一带（称为统一6°带），如图1-5所示，自西向东将整个地球划分为60个带。带号从首子午线开始，用阿拉伯数字表示，位于各带中央的子午线称为该带的中央子午线。第一个6°带的中央子午线的经度为3°，任一带的中央子午线经度L_0与投影带号N的关系为

$$L_0 = 6°N - 3°(N \text{ 为 } 6° \text{ 带的带号})\qquad(1\text{-}1)$$

反之，已知地面任一点的经度L，要求计算该点所在的统一6°带编号的公式为

$$N = \text{Int}\left(\frac{L+3}{6} + 0.5\right)\qquad(1\text{-}2)$$

式中，Int为取整函数。

在高斯投影中，离中央子午线近的部分变形小，离中央子午线愈远变形愈大，两侧对称。当要求投影变形更小时，可采用3°带投影。3°带是从东经1°30′开始，按3°的经差自西向东分成120个带。按照3°带划分的规定，第1带中央子午线的经度为3°，其余各带中央子午线经度与带号的关系为

$$L_0 = 3°n(n \text{ 为 } 3° \text{ 带的带号})\qquad(1\text{-}3)$$

反之，已知地面任一点的经度L，要求计算该点所在的统一3°带编号的公式为

$$N = \text{Int}\left(\frac{L}{3} + 0.5\right)\qquad(1\text{-}4)$$

统一6°带投影与统一3°带投影的关系如图1-5所示。

我国领土所处的概略经度范围是东经73°27′至东经135°09′，根据式（1-2）和式（1-4）求得的统一6°带投影与统一3°带投影的带号范围分别为13~23,25~45。可见，在我国领土范围内，统一6°带与统一3°带的投影带号不重复。

2）独立平面直角坐标系

当测区范围较小时，可以将大地水准面当作平面看待，并在该面上建立独立平面直角坐标系。地面点在大地水准面上的投影位置就可以用该平面直角坐标系中的坐标值来确定，如图1-6所示。

一般将独立平面直角坐标系的原点选在测区西南方向，以使测区内任一点的坐标均为正值。坐标系原点可以是假定坐标值，也可采用高斯平面直角坐标值。规定x轴向北

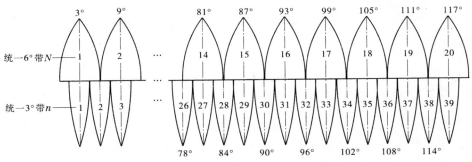

图1-5　统一6°带投影与统一3°带投影的关系

为正,y 轴向东为正,坐标象限按顺时针编号,如图1-7 所示。

图1-6　独立平面直角坐标系　　　　　图1-7　高斯平面直角坐标系

1.2.2.2　地面点高程的确定

地面点到大地水准面的铅垂距离称为该点的绝对高程,简称高程,用 H 表示,如图1-8, H_A、H_B 分别表示 A 点和 B 点的高程。

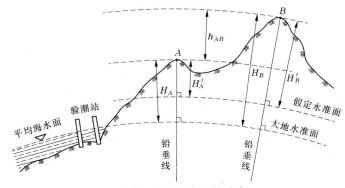

图1-8　地面点高程的确定

我国高程以青岛1953~1979 年验潮资料确定的黄海平均海水面为基准,并在青岛建立国家水准原点,其高程为 72.260 m,称为"1985 国家高程基准"。

局部地区采用绝对高程有困难时,也可假定一个水准面作为高程起算面(指定某个固定点并假设其高程为零),地面点到假定水准面的铅垂距离称为该点的相对高程。如图1-8,H_A'、H_B' 分别表示 A 点和 B 点的相对高程。

地面两点之间的高程差称为高差,用 h 表示。A、B 两点的高差为

$$h_{AB} = H_B - H_A = H_B' - H_A'$$

B、A 两点的高差为

$$h_{BA} = H_A - H_B = H'_A - H'_B$$

由此可见

$$h_{AB} = -h_{BA}$$

1.2.3　用水平面代替水准面的限度

水准面是一个曲面,曲面上的图形投影到平面上,总会产生一定的变形,当变形不超过测量误差的容许范围时,可以用水平面代替水准面,如图 1-9 所示。但在多大面积范围内才允许这种代替。下面讨论将大地水准面近似当作水平面看待时,对水平距离和高程的影响。

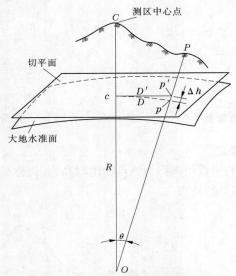

图 1-9　水平面代替水准面的限度

1.2.3.1　对水平距离的影响

由图 1-9 可知

$$\Delta D = D' - D = R\tan\theta - R\theta = R(\tan\theta - \theta) \tag{1-5}$$

式中,θ 为弧长 D 所对的圆心角,rad;R 为地球的平均曲率半径。将 $\tan\theta$ 按三角级数展开并略去高次项,得

$$\tan\theta = \theta + \frac{1}{3}\theta^3 + \cdots \approx \theta + \frac{1}{3}\theta^3 \tag{1-6}$$

将式(1-6)代入式(1-5)并顾及到 $\theta = \dfrac{D}{R}$,得

$$\Delta D = R\left[\left(\theta + \frac{1}{3}\theta^3\right) - \theta\right] = R\frac{\theta^3}{3} = \frac{D^3}{3R^2}$$

则有

$$\frac{\Delta D}{D} = \frac{D^2}{3R^2}$$

以不同的 D 值代入上式,求出距离误差 ΔD 及其相对误差 $\dfrac{\Delta D}{D}$ 列于表 1-1。

表 1-1　切平面代替大地水准面的距离误差及其相对误差

距离 $D(\text{km})$	距离误差 $\Delta D(\text{cm})$	距离相对误差 $\dfrac{\Delta D}{D}$
10	0.8	1/120 万
25	12.8	1/20 万
50	102.7	1/4.9 万
100	821.2	1/1.2 万

从表 1-1 可知,当距离 D 为 10 km 时,所产生的相对误差为 1/120 万,这样小的误差,即使是精密量距,也是允许的。

结论:在半径为 10 km 的圆内的距离,可用切平面代替大地水准面。

1.2.3.2　对高程的影响

由图 1-9 可知

$$\Delta h = Op' - Op = R\sec\theta - R = R(\sec\theta - 1) \tag{1-7}$$

将 $\sec\theta$ 按三角级数展开并略去高次项,得

$$\sec\theta = 1 + \frac{1}{2}\theta^2 + \frac{5}{24}\theta^4 + \cdots \approx 1 + \frac{1}{2}\theta^2 \tag{1-8}$$

将式(1-8)代入式(1-7),得

$$\Delta h = R\left(1 + \frac{1}{2}\theta^2 - 1\right) = \frac{R}{2}\theta^2 = \frac{D^2}{2R} \tag{1-9}$$

由不同的距离代入式(1-9),可得表 1-2 所列的结果。

表 1-2　切平面代替大地水准面的高程误差

距离 $D(\text{km})$	0.1	0.2	0.3	0.4	0.5	1	2	5	10
$\Delta h(\text{mm})$	0.8	3	7	13	20	80	310	1 960	7 850

由表 1-2 可知,用切平面代替大地水准面作为高程的起算面,对高程的影响是很大的,距离 200 m 时就有 3 mm 的高差误差,这是不能允许的。因此,高程的起算面不能用切平面代替,最好使用大地水准面,如果测区内没有国家高程点,可以假设通过测区内某点的水准面为零高程水准面。

结论:高程的起算面不能用切平面代替。

任务 1.3　测量工作概述

1.3.1　确定地面点的三个基本要素

地面点的空间位置是以投影平面上的坐标 (x,y) 和高程 H 决定的,而点的坐标一般

是通过水平角测量和水平距离测量来确定的,点的高程是通过测定高差推算高程来确定的。因此,高差测量、水平角测量和水平距离测量是测量的三项基本工作。

1.3.2 建筑工程测量的原则和程序

1.3.2.1 地物与地貌

地球表面错综复杂的各种形态称为地形。地形可以分为地物和地貌两大类。地面上固定性的自然物体和人工物体称为地物。地物一般可分为两大类:一类是自然地物,如河流、湖泊、森林、草地、独立岩石等;另一类是经过改造的人工地物,如房屋、高压输电线、铁路、公路、水渠、桥梁等。地面上高低起伏的形态称为地貌,如山岭、谷地、悬崖与陡壁等。

图 1-10 的中前部有两幢并排的房屋,其平面位置由房屋的轮廓线组成,如能测定 1～8 个屋角点的平面位置,这两幢房屋的位置也就确定了;对于地貌,其地势起伏变化虽然复杂,仍可看成是由许多不同方向、不同坡度的平面相交而成的几何体,相邻平面的交线就是方向变化线和坡度变化线,只要测定这些方向变化线和坡度变化线交点的平面坐标,则地貌的形状和大小也基本反映出来了。因此,不论地物或地貌,它们的形状和大小都是由一些特征点的位置所决定的。这些特征点也叫碎部点。地形测图就是通过测定这些碎部点的平面坐标和高程来绘制地形图的。

1.3.2.2 测量工作的程序与原则

测量工作不可避免地会产生误差,为防止误差的传递与积累,保证测区内地面点位置的测量精度,测量工作必须按一定的程序和原则进行。如图 1-10 所示,下面以如何将地物与地貌测绘到图纸上为例,介绍测定工作的原则和程序。

测定碎部点的位置,其工作程序通常可分为两步:首先做控制测量。先在测区内选择若干个具有控制意义的点 A、B、C、D、E、F 作为控制点,用比较精确的方法测定其位置;这些控制点就可以控制误差传递的范围和大小。其次进行碎部测量。即在控制点基础上,用稍低一些精度的测量方法(碎部测量)测定地面各碎部点的位置(坐标及高程),例如在控制点 A 上测定其周围的碎部点 1、2、3 等。最后根据这些碎部点的坐标与高程按一定的比例尺将整个测区缩小绘制成地形图。

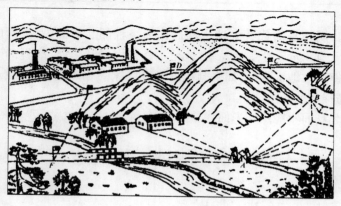

图 1-10 地形测量示意图

从上述分析可知,测量工作必须遵循的原则是:布局上"由整体到局部",精度上"先高级后低级",程序上"先控制后碎部"。测量工作的这些重要原则,不但可以保证减少测量误差的积累,还可使测量工作同时在几个控制点上进行,从而加快测量工作的进度。另外,为防止和检查测量工作中出现的错误,提高测量工作效率,测量工作必须重视检核,防止发生错误,避免错误的结果对后续测量工作的影响。因此,"前一步工作未做检核不得进行下一步工作",这是测量工作应遵循的又一个原则。

习题与作业

　　1. 测量学的概念是什么? 测定与测设有何区别?

　　2. 建筑工程测量的任务是什么?

　　3. 何谓铅垂线? 何谓大地水准面? 它们在测量中的作用是什么?

　　4. 测量工作的实质是什么?

　　5. 地面点在大地水准面上的投影位置,可用哪几种坐标表示?

　　6. 地球上某点的经度为东经 $112°21'$,试问该点所在 $6°$ 带和 $3°$ 带中的中央子午线经度和带号。

　　7. 何谓绝对高程? 何谓相对高程? 何谓高差? 两点之间的绝对高程之差与相对高程之差是否相同? 已知 $H_A = 36.735$ m, $H_B = 48.386$ m,求 h_{AB} 和 h_{BA}。

　　8. 何谓水平面? 用水平面代替水准面对水平距离和高程分别有何影响?

　　9. 测量的基本工作是什么? 测量的基本原则是什么?

项目2　常用的测量仪器与误差基本知识

现代测绘科学技术的快速发展促进了建筑工程测量技术的变革。10 年前还在广泛使用的传统测量仪器、工具和测绘方法已逐渐被更先进的测量仪器、工具和测绘方法所取代。测量工作是在一定条件下进行的,外界环境、观测者的技术水平和仪器本身构造的不完善等原因,都可能导致测量误差的产生。通常把测量仪器、观测者的技术水平和外界环境三个方面综合起来,称为观测条件。观测条件不理想和不断变化,是产生测量误差的根本原因。

任务 2.1　建筑工程测量常用的仪器

测量仪器和测量方法的更新换代,为建筑工程测量快速、准确、高效地进行提供了一个更高的平台。下面就几种常用仪器进行简单介绍。

2.1.1　水准仪

水准仪的主要作用是提供一条水平视线,通过对水准尺的读数差值测出两点之间的高差,从而可以间接推算出未知点的高程,在建筑工程中主要用于场地抄平以及控制标高。例如:用水准仪把建筑水平标高根据实际标高的要求,直接引测到模板安装位置。

水准仪的种类:微倾水准仪、自动安平水准仪、电子水准仪等。

2.1.2　经纬仪

经纬仪主要用于水平角以及竖直角的测量,在建筑工程中进行角度的测量以及视距测量。在建筑工程的轴线测设时,常用经纬仪进行角度放样;对于高程建筑的垂直度以及变形监测,也常用到经纬仪。

经纬仪的种类:光学经纬仪、电子经纬仪、激光经纬仪等。

2.1.3　全站仪

全站仪集电子测距、电子测角和微处理机于一体,能自动记录、存储并具备某些固定计算程序。全站仪的出现,完全取代了经纬仪,并在水准精度要求不高时进行高程控制测量。全站仪的出现,使得测量外业的效率大大提高,同时也促进了数字化成图的快速发展。

全站仪的种类:光学全站仪、免棱镜全站仪、自动全站仪等。

另外,建筑工程上还用到光电测距仪、GPS 接收机、激光垂线仪、激光指向仪、手持测距仪等。关于各种仪器的具体使用及其功能在后面的章节会详细介绍。

任务 2.2　测量误差的基本知识

任何观测值都包含误差。例如,闭合水准路线观测高差的总和往往不等于零;水平角观测时两个半测回测得的角值不完全相等;距离丈量时往返丈量的结果总会有差异;观测平面三角形的三内角,其观测值之和常常不等于其理论值180°。这些都说明观测值中有误差存在。

2.2.1　测量误差产生的原因

(1)测量仪器的构造不十分完善,虽事先已将仪器校正,但尚有剩余的仪器误差没有完全消除。

(2)观测者感觉器官的鉴别能力有一定的局限性,所以在仪器的安置、照准、读数等方面都会产生误差。

(3)观测时所处的外界条件发生变化,例如,温度高低、湿度大小、风力强弱以及大气折光的影响等都会产生误差。

这三方面的因素综合起来,合称为观测条件。显然,观测条件的好坏与观测成果的质量密切相关。

2.2.2　测量误差的分类

测量误差按其性质可分为以下两类。

2.2.2.1　系统误差

在相同的观测条件下做一系列的观测,如果误差在大小、符号上表现出系统性,或者按一定的规律变化,或者保持某一常数,这种误差称为系统误差。产生系统误差的原因很多,主要是由使用的仪器不够完善以及外界条件所引起的。例如,量距时所用钢尺的长度比标准尺略长或略短,则每量一整尺即存在一尺长误差,它的大小和正负号是一定的,量的整尺数愈多,误差就愈大,具有累积性。因此,必须尽可能地全部或部分地消除系统误差的影响。

消除系统误差的影响,可以采用改正的方法,例如在量距前将所用钢尺与标准长度比较,得出差数,进行尺长改正。也可采用适当的观测方法,例如进行水准测量时,仪器安置在离两水准尺等距离的地方,可以消除水准仪视准轴不平行于水准管轴的误差、大气折光以及地球曲率引起的误差;又如用盘左、盘右两个盘位观测水平角,可以消除经纬仪视准轴不垂直于横轴的误差以及横轴不垂直于竖轴的误差等。

2.2.2.2　偶然误差

在相同的观测条件下做一系列的观测,如果误差在大小和符号上都表现出偶然性,即误差的大小不等、符号不同,这种误差称为偶然误差。

偶然误差是由于人的感觉器官和仪器的性能受到一定的限制,以及观测时受到外界条件的影响等原因所造成的。例如,用望远镜照准目标时,由于观测者眼睛的分辨能力和望远镜的放大倍数有一定限度,观测时光线强弱的影响,致使照准位置不可能绝对正确,可能偏左一些,也可能偏右一些。又如,在水准尺上估读毫米时,每次估读也不会绝对相同,可能大一点,也可能小一点。偶然误差的影响可大可小,可正可负,纯属偶然性,数学上称为随机性,所以偶然误差也称随机误差。单个偶然误差的出现没有规律性,但在相同的条件下重复观测某一量,出现的大量偶然误差却具有一定的规律性,这种规律性称为统计规律性。

在测量工作中,除上述两类性质的误差外,还可能发生错误,例如,测错、记错、算错等。错误的发生是由于观测中粗心大意。错误又称粗差。凡含有粗差的观测值应舍去不用,并需重测,为此应加强责任心,认真操作。一般来讲,错误不算作观测误差。

为了提高观测成果的质量,同时也为了发现和消除错误,在测量工作中,一般都要进行多于实际需要的观测,称为多余观测。例如,确定一平面三角形的形状,只需要观测其中两个内角即可,但实际上也要观测第三个角,以便检校内角和,从而判断观测结果的正确性。

粗差可以通过有效的检核方法加以防止,系统误差可以在作业中采取一定的措施或施加改正的方法予以消除,所以观测结果中我们通常只认为包含偶然误差。偶然误差是本项目研究的主要对象。

2.2.3 衡量精度的标准

在相同的观测条件下,对某量进行多次观测,为了评定观测结果的精确程度,必须有一个衡量精度的标准。常用的衡量精度的标准有下列几种。

2.2.3.1 中误差

标准差的大小反映了观测质量的好坏,标准差越小,说明观测精度越高;标准差越大,说明观测精度越低。所以观测结果的精度可以用标准差来衡量。由数理统计可知,标准差 σ 的定义为

$$\sigma^2 = \lim_{n \to \infty} \frac{[\Delta\Delta]}{n} \tag{2-1}$$

用式(2-1)求 σ 值要求观测数 n 趋近无穷大,实际上是很难办到的。在实际测量工作中,观测数总是有限的,为了评定精度,一般采用下述公式

$$m = \pm \sqrt{\frac{[\Delta\Delta]}{n}} \tag{2-2}$$

式中 m——中误差;

$[\Delta\Delta]$——一组同精度观测误差 Δ_i 自乘的总和;

n——观测数。

比较式(2-1)与式(2-2)可以看出,标准差 σ 与中误差 m 的不同之处就在于观测个数的区别,标准差为理论上的观测精度指标,而中误差则是观测数 n 为有限时的观测精度指标。所以,中误差实际上是标准差的近似值,统计学上称为估值,随着 n 的增加,m 将趋近 σ。

必须指出,在相同的观测条件下进行的一组观测,测得的每一个观测值都为同精度观

测值,也称为等精度观测值。由于它们对应着同一个误差分布,具有同一个标准差,其估值为中误差,因此同精度观测值具有相同的中误差。但是同精度观测值的真误差彼此并不一定相等,有的差异还比较大,这是由于真误差具有偶然误差的性质。

例:设有甲、乙两组观测值,其真误差分别为

甲组: $-4''$、$-2''$、0、$-4''$、$+3''$

乙组: $+6''$、$-5''$、0、$+1''$、$-1''$

则两组观测值的中误差分别为

$$m_甲 = \sqrt{\frac{(-4)^2 + (-2)^2 + 0^2 + (-4)^2 + 3^2}{5}} = \pm 3.0''$$

$$m_乙 = \sqrt{\frac{6^2 + (-5)^2 + 0^2 + 1^2 + (-1)^2}{5}} = \pm 3.5''$$

由此可以看出,甲组观测值比乙组观测值的精度高,因为乙组观测值中有较大的误差,用平方能反映较大误差的影响,因此测量工作中采用中误差作为衡量精度的标准。

应该再次指出,中误差 m 是表示一组观测值的精度。例如,$m_甲$ 是表示甲组观测值中每一观测值的精度,而不能用每次观测所得的真误差($-4''$、$-2''$、0、$-4''$、$+3''$)与中误差($\pm 3.0''$)相比较,来说明一组中哪一次观测值的精度高或低。

2.2.3.2　相对误差

测量工作中,有时以中误差还不能完全表达观测结果的精度。例如,分别丈量了 $D_1 = 1\,000$ m、$D_2 = 50$ m 两段距离,其中误差均为 $m = \pm 0.1$ m,并不能说明丈量距离的精度,因为量距时其误差的大小与距离的长短有关,所以应采用另一种衡量精度的方法,这就是相对中误差或相对误差,它是中误差的绝对值与观测值的比值,通常用分子为1的分数形式表示。例如,上例中前者的相对误差为 $K_1 = \frac{0.1}{1\,000} = \frac{1}{10\,000}$,后者则为 $K_2 = \frac{0.1}{50} = \frac{1}{500}$,前者分母大比值小,丈量精度高;后者分母小比值大,丈量精度低。

在一般距离丈量中,通常取往返丈量距离之差的绝对值与往返丈量距离的平均值之比,并将分子化为1,分母取整数的形式来评定丈量的精度,这是相对误差的另一种表现形式。相对误差不能用于评定角度的精度,因为角度观测的误差与角值的大小无关。相对误差是个无名数。

习题与作业

1.为什么观测结果中一定存在误差?误差如何分类?学习误差的目的是什么?

2.测量误差产生的原因有哪些?

3.系统误差有何特点?它对测量结果产生什么影响?

4.偶然误差能否消除?它有何特性?

5.系统误差与偶然误差有哪些本质上的不同?在处理偶然误差中,为何要做多余观测?它与偶然误差的特性有何关系?

模块 2　测量基本技能

项目 3　水准测量

　　高程是确定地面点位置的基本要素之一,高程测量是基本测量工作之一。测定地面点高程而进行的测量工作称为高程测量。高程测量的目的是要获得点的高程,但一般只能直接测得两点间的高差,然后根据其中一点的已知高程推算出另一点的高程。

　　进行高程测量的主要方法有水准测量、三角高程测量和物理高程测量。水准测量是利用水平视线来测量两点间的高差。由于水准测量的精度较高,所以是高程测量中最主要的方法。三角高程测量是测量两点间的水平距离或斜距和竖直角(垂直角),然后利用三角公式计算出两点间的高差。三角高程测量一般精度较低,只有在适当的条件下才被采用。除上述两种方法外,还有利用大气压力的变化,测量高差的气压高程测量;利用液体的物理性质测量高差的液体静力高程测量,以及利用摄影测量的测高等方法,但此方法较少采用。

任务 3.1　水准仪测量原理

　　如图 3-1 中,为了求出 A、B 两点的高差 h_{AB},在 A、B 两个点上竖立带有分划的标尺——水准尺,在 A、B 两点之间安置可提供水平视线的仪器——水准仪。当视线水平时,在 A、B 两个点的标尺上分别读得读数 a 和 b。假如 A 点的高程是已知的,那么要求出 B 点的高程,关键是要知道 h_{AB} 为多少。而求水准测量的原理是利用水准仪提供的水平视线,读取竖立于两个点上的水准尺上的读数(读取水准尺上的刻度),来测定两点间的高差,再根据已知点高程计算未知点高程。可以通过水准测量来得到。

　　从图 3-1 上可以看出,B 点的高程为 H_B,A 点的高程为 H_A,那么 AB 两点的高程为 h_{AB} 为

$$h_{AB} = a - b \tag{3-1}$$

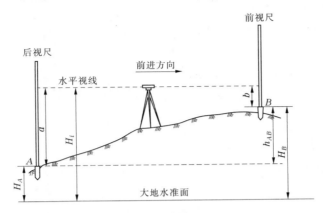

图 3-1 水准测量的原理

根据高差定义,有

$$h_{AB} = H_B - H_A \qquad (3-2)$$

所以,B 点高程 H_B 为

$$H_B = H_A + h_{AB} \qquad (3-3)$$

测量中为保证测量成果的准确可靠,对测量值有一定的检核条件,一般采用多次测量的办法。水准测量一般测量两次,采用往返测量,即测 A、B 两点间的高差,由 A 到 B 为往测,则由 B 到 A 为返测;反之由 B 到 A 为往测,则由 A 到 B 为返测。往测时,由 A 到 B 为前进方向,则靠近 B 点的标尺称为前尺,在该尺上的读数为前视读数,仪器到该尺的距离称为前视距离,而靠近 A 点的标尺称为后尺,在该尺上的读数为后视读数,仪器到该尺的距离称为后视距离;返测时,由 B 到 A 为前进方向,则靠近 A 点的标尺称为前尺,在该尺上的读数为前视读数,仪器到该尺的距离称为前视距离,而靠近 B 点的标尺称为后尺,在该尺上的读数为后视读数,仪器到该尺的距离称为后视距离。高差 h_{AB} 的值可能是正,也可能是负,正值表示待求点 B 高于已知点 A,负值表示待求点 B 低于已知点 A。

水准测量方法可分为高差法和仪器高法两种。高差法是利用高差直接由已知点高程求出未知点高程,仪器高法是利用仪器视线高计算未知点高程。

(1)高差法。

高差即两点间高程之差。A 点到 B 点的高差为 B 点的高程减去 A 点的高程,即假设水准仪在 A 点水准尺上的读数为 a,在 B 点水准尺上的读数为 b,那么

$$H_B = H_A + h_{AB} \qquad (3-4)$$

高差法常用于路线水准测量。

(2)仪器高(视线高)法。

A 点高程已知,B 点高程为

$$H_B = H_A + h_{AB} = H_A + a - b \qquad (3-5)$$

若通过仪器视线高程 H_i 计算 B 点高程,公式为

$$H_i = H_A + a \qquad (3-6)$$

$$H_B = H_i - b \qquad (3-7)$$

式中 H_i——仪器视线高程(水平视线到大地水准面的铅垂距离)。

仪器高法一般适用于安置一次仪器测定多点高程的情况,如线路高程测量、大面积场地平整高程测量。

任务 3.2 水准仪的使用

3.2.1 水准测量仪器及工具

水准测量所用的仪器是水准仪,所用的工具有水准尺和尺垫。

水准仪是进行水准测量的主要仪器,它可以提供水准测量所必需的水平视线。目前,通用的光学水准仪从构造上可分为两大类:一类是利用水准管来获得水平视线的水准管水准仪,其主要形式称"微倾式水准仪";另一类是利用补偿器来获得水平视线的"自动安平水准仪"。此外,尚有一种新型水准仪——电子水准仪,它配合条纹编码尺,利用数字化图像处理的方法,可自动显示高程和距离,使水准测量实现了自动化。

我国的水准仪系列标准分为 DS_{05}、DS_1、DS_3 和 DS_{10} 四个等级。D 是大地测量仪器的代号,S 是水准仪的代号,均取大和水两个字汉语拼音的首字母。脚标的数字表示仪器的精度。其中 DS_{05} 和 DS_1 用于精密水准测量,DS_3 用于一般水准测量,DS_{10} 则用于简易水准测量。

3.2.1.1 微倾式光学水准仪的基本结构

微倾式光学水准仪的主要部分基本相同,主要由以下三个主要部分组成:

(1)望远镜:望远镜是用来精确瞄准远处目标并对水准尺进行读数的。它主要由物镜、目镜、调焦透镜和十字丝分划板组成。

(2)水准器:用于指示仪器或视线是否处于水平位置,包括圆水准器和管水准器。

(3)基座:可用中心连接螺旋把仪器固定在三脚架上。

水准仪各部分的名称见图 3-2。基座上有三个脚螺旋,调节脚螺旋可使圆水准器的气泡移至中央,使仪器粗略整平。望远镜和管水准器与仪器的竖轴联结成一体,竖轴插入基座的轴套内,可使望远镜和管水准器在基座上绕竖轴旋转。制动螺旋和微动螺旋用来控制望远镜在水平方向的转动。制动螺旋松开时,望远镜能自由旋转;旋紧时望远镜则固定不动。旋转微动螺旋可使望远镜在水平方向做缓慢的转动,但只有在制动螺旋旋紧时,微动螺旋才能起作用。旋转微倾螺旋可使望远镜连同管水准器做俯仰微量的倾斜,从而可使视线精确整平。因此,这种水准仪称为微倾式水准仪。

1. 望远镜

望远镜主要由四大光学部件组成:物镜、调焦透镜、十字丝分划板、目镜,另外还包括一些调节螺旋。

物镜的作用是使物体在物镜的另一侧构成一个倒立的实像。目镜的作用是使这一实像在同一侧形成一个放大的虚像(见图 3-3)。为了使物像清晰并消除单透镜的一些缺陷,物镜和目镜都是用两种不同材料的透镜组合而成的(见图 3-3)。

望远镜是用来照准远处竖立的水准尺并读取水准尺上的读数,要求望远镜能看清水

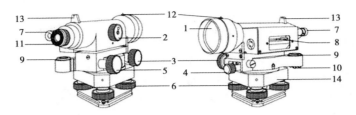

1—物镜;2—物镜调焦螺旋;3—微动螺旋;4—制动螺旋;5—微倾螺旋;6—脚螺旋;

7—气泡观察窗;8—水准管;9—圆水准器;10—圆水准器校正螺钉;11—目镜;

12—准星;13—照门;14—基座

图 3-2 DS₃ 微倾式水准仪

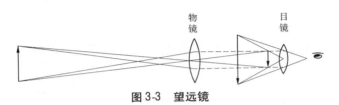

图 3-3 望远镜

准尺上的分划和注记并有读数标志。

十字丝分划板(见图 3-4)是一块玻璃片,上面刻有两条相互垂直的长线,竖直的一条称为竖丝,横的一条称为中丝。在中丝的上下还对称地刻有两条与中丝平行的短横线,是用来测量距离的,称为视距丝。由视距丝测量出的距离就称为视距。

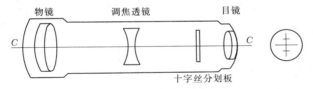

图 3-4 十字丝分划板

十字丝的交点与物镜光心的连线,称为视准轴。视准轴是水准仪的主要轴线之一。视准轴的延长线即为视线,水准测量就是在视准轴水平时,用十字丝的中丝在水准尺上截取读数。

为了能准确地照准目标或读数,望远镜内必须同时能看到清晰的物像和十字丝。为此必须使物像落在十字丝分划板平面上。为了使离仪器不同距离的目标能成像于十字丝分划板平面上,望远镜内还必须安装一个调焦透镜(见图 3-5)。观测不同距离处的目标,可旋转调焦螺旋改变调焦透镜的位置,从而能在望远镜内清晰地看到十字丝和所要观测的目标。

2. 水准器

水准器是用以置平仪器的一种设备,用来指示视准轴是否水平,仪器竖轴是否竖直,是测量仪器上的重要部件。水准器分为管水准器和圆水准器两种。

1) 管水准器

管水准器又称水准管,是一个封闭的玻璃管,管的内壁在纵向磨成圆弧形,其半径为 0.2～100 m。管内盛酒精或乙醚或两者混合的液体,并留有一气泡(见图 3-6)。管面上

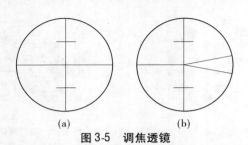

图 3-5 调焦透镜

刻有间隔为 2 mm 的分划线,分划的中点称水准管的零点。过零点与管内壁在纵向相切的直线称水准管轴。当气泡的中心点与零点重合时,称气泡居中,气泡居中时水准管轴位于水平位置。

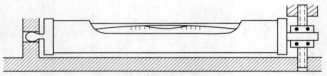

图 3-6 管水准器

在管水准器的外表面,对称于零点的左右两侧,刻划有 2 mm 间隔的分划线。定义 2 mm 弧长所对的圆心角称为管水准器的分划值(见图 3-7)。

$$\tau = \frac{2}{R}\rho \qquad (3-8)$$

其中:$\rho = 206\ 265''$。

水准仪上水准管的分划值为 $10'' \sim 20''$,水准管的分划值愈小,视线置平的精度愈高。但水准管的置平精度还与水准管的研磨质量、液体的性质和气泡的长度有关。在这些因素的综合影响下,使气泡移动 0.1

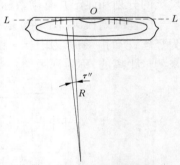

图 3-7 管水准器的分划值

格时水准管轴所变动的角值称水准管的灵敏度。能够被气泡的移动反映出水准管轴变动的角值愈小,水准管的灵敏度就愈高。

为了提高水准气泡的居中精度,在管水准器的上方装有一组符合棱镜,通过这组棱镜,将气泡两端的影像反射到望远镜旁的管水准气泡观察窗内(见图 3-8),旋转微倾螺旋,当窗内气泡两端的影像吻合后,表示气泡居中。故这种水准器称为符合水准器,是微倾式水准仪上普遍采用的水准器。制造水准仪时,使管水准器轴平行于望远镜的视准轴。旋转微倾螺旋使管水准气泡居中时,管水准器轴处于水平位置,从而使望远镜的视准轴也处于水平位置。

2)圆水准器

圆水准器是一个封闭的圆形玻璃容器,顶盖的内表面为一球面,半径为 0.12 ~ 0.86 m,容器内盛乙醚类液体,留有一小圆气泡(见图 3-9)。容器顶盖中央刻有一小圈,小圈的中心是圆水准器的零点。通过零点的球面法线是圆水准器的轴,当圆水准器的气泡居中时,圆水准器的轴位于铅垂位置。圆水准器的分划值是顶盖球面上 2 mm 弧长所对应的圆心角值,水准仪上圆水准器的角值为 8′~15′。由于它的精度低,只用于仪器粗略整平。

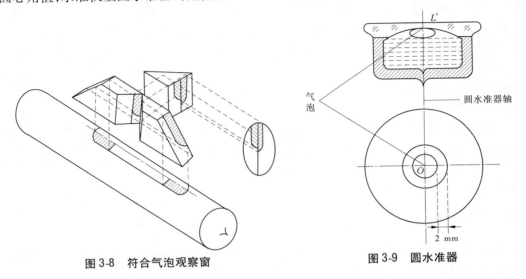

图3-8 符合气泡观察窗　　　　　图3-9 圆水准器

3.基座

基座的作用是支承仪器的上部,用中心螺旋将基座连接到三脚架上。基座主要由轴座、脚螺旋、底板和三角压板构成。

3.2.1.2 水准尺

水准尺一般用优质木材、铝合金或玻璃钢制成,长度从 2~5 m 不等。根据构造可以分为直尺、塔尺和折尺(见图3-10),其中直尺又分为单面分划和双面分划两种。

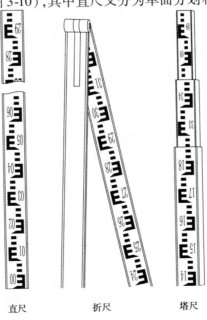

直尺　　　　折尺　　　　塔尺

图3-10 水准尺

双面水准尺,一般长 3 m,多用于三、四等水准测量,以两把尺为一对使用。尺的两面均有分划,一面为黑白相间称黑面尺;另一面为红白相间称红面尺,两面的最小分划均为 1 cm,分米处有注记。"E"的最长分划线为分米的起始。读数时直接读取米、分米、厘米,估读毫米,单位为 m 或 mm。两把尺的黑面均由零开始分划和注记。红面的分划和注记,一把尺由 4.687 m 开始分划和注记,另一把尺由 4.787 m 开始分划和注记,两把尺红面注记的零点差为 0.1 m。塔尺有 3 m、4 m、5 m 多种,常用于碎部测量。

3.2.1.3 尺垫

尺垫是在转点处放置水准尺用的,它是用生铁铸成的三角形板座,尺垫中央有一凸起的半球体,以便于放置水准尺,下有三个尖足便于将其踩入土中,以固稳防动,如图 3-11 所示。

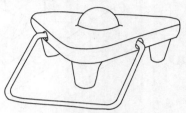

图 3-11 尺垫

3.2.2 DS₃ 型微倾式水准仪的使用

使用水准仪的基本作业是:在适当位置安置水准仪,整平视线后读取水准尺上的读数。微倾式水准仪的操作应按下列步骤和方法进行。

3.2.2.1 安置水准仪

首先打开三脚架,安置三脚架要求高度适当、架头大致水平并牢固稳妥,在山坡上应使三脚架的两脚在坡下一脚在坡上。然后把水准仪用中心连接螺旋连接到三脚架上,取水准仪时必须握住仪器的坚固部位,并确认已牢固地连结在三脚架上之后才可放手。

3.2.2.2 仪器的粗略整平

仪器的粗略整平是用脚螺旋使圆水准器的气泡居中。不论圆水准器在任何位置,先用任意两个脚螺旋使气泡移到通过圆水准器零点并垂直于这两个脚螺旋连线的方向上,如图 3-12 中气泡自图(a)移到图(b),如此可使仪器在这两个脚螺旋连线的方向处于水平位置。然后单独用第三个脚螺旋使气泡居中,如此使原两个脚螺旋连线的垂线方向亦处于水平位置,从而使整个仪器置平。如仍有偏差可重复进行。操作时必须记住以下三条要领:

(1)先旋转两个脚螺旋,然后旋转第三个脚螺旋。

(2)旋转两个脚螺旋时必须做相对地转动,即旋转方向应相反。

(3)气泡移动的方向始终和左手大拇指移动的方向一致。

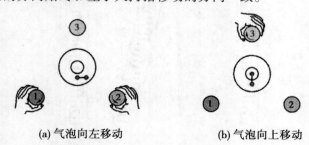

    (a) 气泡向左移动   (b) 气泡向上移动

图 3-12 整平

3.2.2.3 照准目标

用望远镜照准目标,必须先调节目镜使十字丝清晰。然后利用望远镜上的准星从外部瞄准水准尺,再旋转调焦螺旋使尺像清晰,也就是使尺像落到十字丝平面上。这两步不可颠倒。最后用微动螺旋使十字丝竖丝照准水准尺,为了便于读数,也可使尺像稍偏离竖丝一些。当照准不同距离处的水准尺时,需重新调节调焦螺旋才能使尺像清晰,但十字丝可不必再调。

照准目标时必须要消除视差。当观测时把眼睛稍做上下移动,如果尺像与十字丝有相对的移动,即读数有改变,则表示有视差存在。其原因是尺像没有落在十字丝平面上(见图3-13(a))。存在视差时不可能得出准确的读数。

消除视差的方法是一面稍旋转调焦螺旋一面仔细观察,直到不再出现尺像和十字丝有相对移动,即尺像与十字丝在同一平面上(见图3-13(b))。

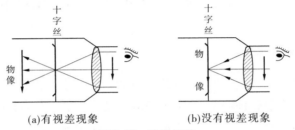

(a)有视差现象   (b)没有视差现象

图3-13 消除视差

3.2.2.4 视线的精确整平

由于圆水准器的灵敏度较低,所以用圆水准器只能使水准仪粗略地整平。因此,在每次读数前还必须用微倾螺旋使水准管气泡符合,使视线精确整平(见图3-14)。由于微倾螺旋旋转时,经常在改变望远镜和竖轴的关系,当望远镜由一个方向转变到另一个方向时,水准管气泡一般不再符合。所以望远镜每次变动方向后,也就是在每次读数前,都需要用微倾螺旋重新使气泡符合。

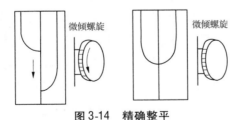

图3-14 精确整平

3.2.2.5 读数

用十字丝中间的横丝读取水准尺的读数(见图3-15),从尺上可直接读出米、分米和厘米数,并估读出毫米数,所以每个读数必须有四位数。如果某一位数是零,也必须读出并记录,不可省略,如1.002 m、0.007 m、2.100 m等。由于望远镜一般都为倒像,所以从望远镜内读数时应由上向下读,即由小数向大数读。读数前应先认清水准尺的分划特点,特别应注意与注字相对应的分米分划线的位置。为了保证得出正确的水平视线读数,在读数前和读数后都应该检查气泡是否符合。

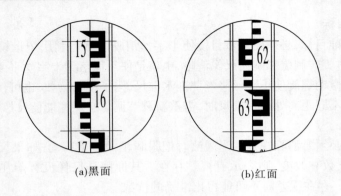

(a)黑面　　　　　　　　(b)红面

图 3-15　读数

任务 3.3　水准测量的外业观测和内业计算

3.3.1　水准点和水准路线

　　水准测量通常是从水准点开始,引测其他点的高程。水准点是国家测绘部门为了统一全国的高程系统和满足各种需要,在全国各地埋设且测定了其高程的固定点,这些已知高程的固定点称为水准点。水准点有永久性和临时性两种。国家等级水准点如图 3-16 所示,一般用整块的坚硬石料或混凝土制成,深埋到地面冻结线以下,在标石顶面设有用不锈钢或其他不易锈蚀的材料制成的半球状标志。有些水准点也可设置在稳定的墙脚上,称为墙上水准点,如图 3-16 所示。

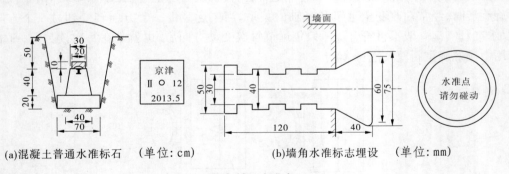

(a)混凝土普通水准标石　（单位：cm）　　　　(b)墙角水准标志埋设　　（单位：mm）

图 3-16　水准点

　　无论是永久性水准点,还是临时性水准点,均应埋设在便于引测和寻找的地方。埋设水准点后,应绘出水准点附近的草图,在图上还要写明水准点的编号和高程,称为点之记,以便于日后寻找和使用。

　　建筑工地上的永久性水准点一般用混凝土或钢筋混凝土制成,其式样如图 3-17(a)所示;临时性水准点可用地面上突出的坚硬岩石或用大木桩打入地下,桩顶钉入半球形铁钉,如图 3-17(b)所示。

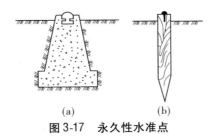

图 3-17　永久性水准点

在水准测量中,通常沿某一水准路线进行施测。进行水准测量的路线称为水准路线。根据测区实际情况和需要,可布置成单一水准路线和水准网。

3.3.1.1　单一水准路线

单一水准路线又分为附合水准路线、闭合水准路线和支水准路线。

1. 附合水准路线

附合水准路线是从已知高程的水准点 BM_1 出发,测定 1、2、3 等待定点的高程,最后附合到另一已知水准点 BM_2 上,如图 3-18(a)所示。这种形式的水准路线,可使测量成果得到可靠的检核。

2. 闭合水准路线

闭合水准路线是由已知高程的水准点 BM_1 出发,沿环线进行水准测量,以测定出 1、2、3 等待定点的高程,最后回到原水准点 BM_1 上,如图 3-18(b)所示。这种形式的水准路线,也可以使测量成果得到可靠的检核

3. 支水准路线

支水准路线是从一已知高程的水准点 BM_5 出发,既不附合到其他水准点上,也不自行闭合,如图 3-18(c)所示。这种形式的水准路线由于不能对测量成果自行检核,因此必须进行往测和返测,或用两组仪器进行并测(见图 3-18(c))。

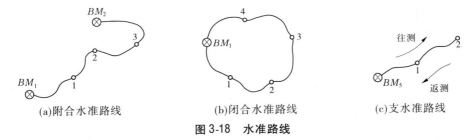

(a)附合水准路线　　　　　(b)闭合水准路线　　　　　(c)支水准路线

图 3-18　水准路线

3.3.1.2　水准网

若干条单一水准路线相互连接构成图 3-19 所示的形状,称为水准网。水准网中单一水准路线相互连接的点称为结点。如图 3-19(a)中的点 4 和图 3-19(b)中的点 1、点 2、点 3 和图 3-19(c)中的点 1、点 2、点 3 和点 4。水准网可使检核成果的条件增多,因而可提高成果的精度。

3.3.2　水准测量的施测方法

水准测量的施测方法如图 3-20 所示,图中 A 为已知高程的点,B 为待求高程的点。

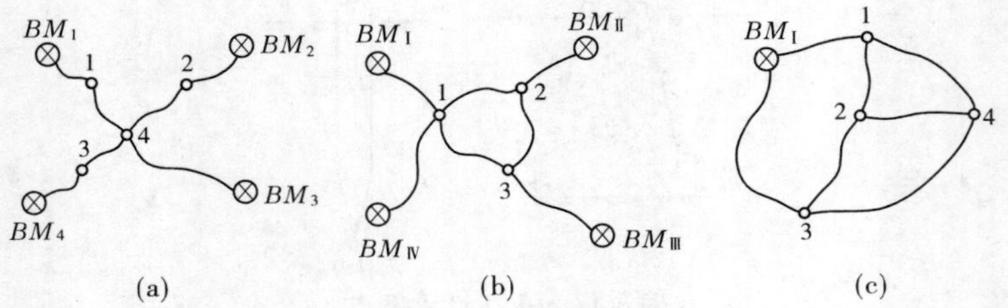

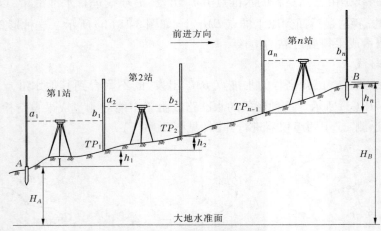

图 3-19   水准网

首先在已知高程的起始点 A 上竖立水准尺,在测量前进方向离起点不超过 200 m 处设立第一个转点 TP_1,必要时可放置尺垫,并竖立水准尺。在离这两点等距离处 I 安置水准仪。仪器粗略整平后,先照准起始点 A 上的水准尺,用微倾螺旋使气泡符合后,读取 A 点的后视读数。然后照准转点 TP_1 上的水准尺,气泡符合后读取 TP_1 站的前视读数。把读数记入手簿,并计算出这两点间的高差。此后在转点 TP_1 处的水准尺不动,仅把尺面转向前进方向。在 A 点的水准尺和 I 站的水准仪则向前转移,水准尺安置在与第一站有同样间距的转点 TP_2,而水准仪则安置在离 TP_1、TP_2 两转点等距离处的测站 II。按在第 I 站同样的步骤和方法读取后视读数和前视读数,并计算出高差。如此继续进行直到待求高程点 B。

图 3-20   水准测量的施测方法

显然,每安置一次仪器,便可测得一个高差,即有

$$h_1 = a_1 - b_1$$
$$h_2 = a_2 - b_2$$
$$\vdots$$
$$h_n = a_n - b_n$$

将各式相加,得

$$\sum h = \sum a - \sum b \tag{3-9}$$

B 点高程为

$$H_B = H_A + \sum h \tag{3-10}$$

普通水准测量的手簿记录及计算见表 3-1。

表 3-1　普通水准测量手簿

仪器型号：　　　　　　　观测日期：
天　　气：　　　　　　　地　　点：

测站	点号	水准尺读数		高差		高差
		后视	前视	+	−	
1	BM_A	1.467		0.343		27.354
	TP_1		1.124			
2	TP_1	1.385			0.289	
	TP_2		1.674			
3	TP_2	1.869		0.926		
	TP_3		0.943			
4	TP_3	1.425		0.213		
	TP_4		1.212			
5	TP_4	1.367			0.365	28.182
	BM_B		1.732			

3.3.3　水准测量的成果检核

为了保证水准测量成果的正确可靠,对水准测量的成果必须进行检核。检核方法有测站检核和水准路线检核两种。

3.3.3.1　计算检核

在实际工作中,应先把水准测量的数据记录在表格中,然后计算高差。计算过程中总是难免出错的,为了能够检查高差是否计算正确,就要进行计算检核。

在每一测段结束后或手簿上每一页之末,必须进行计算检核。检查后视读数之和减去前视读数之和是否等于各站高差之和($\sum h = \sum a - \sum b$),并等于终点高程减起点高程。如不相等,则计算中必有错误,应进行检查。但应注意,这种检核只能检查计算工作有无错误,而不能检查出测量过程中所产生的错误,如读错、记错等。

3.3.3.2　测站检核

计算检核只能检核高差计算的正确性,但如果某一站的高差由于某种原因测错了,那计算检核就无能为力了。因此,我们对每一站的高差都要进行检核,这种检核就称为测站检核,常见的检核方法有双仪高法和双面尺法。

（1）双仪高法。改变仪器的高度（前后尺保持不动）,测出两次黑面高差,在理论上这两次测得的高差应该相同。但由于误差的存在,使得两次测得的高差存在差值。若差值 <6 mm（等外水准）,认为高差正确,取平均值作为该站高差,否则重测。

（2）双面尺法。用黑、红面同时读数,测出黑、红面高差,若差值 <5 mm（三、四等水

准），认为高差正确，取黑、红面高差的平均值作为该站高差。

黑面高差为 $h_黑 = a_黑 - b_黑$ (3-11)

红面高差为 $h_红 = a_红 - b_红$ (3-12)

3.3.3.3 水准路线的检核

1. 附合水准路线

为使测量成果得到可靠的检核，最好把水准路线布设成附合水准路线。对于附合水准路线，理论上在两已知高程水准点间所测得各站高差之和应等于起讫两水准点间高程之差，即

$$\sum h = H_终 - H_始$$ (3-13)

如果它们不能相等，其差值称为高差闭合差，用 f_h 表示。所以附合水准路线的高差闭合差为

$$f_h = \sum h - (H_终 - H_始)$$ (3-14)

高差闭合差的大小在一定程度上反映了测量成果的质量。

2. 闭合水准路线

在闭合水准路线上亦可对测量成果进行检核。对于闭合水准路线，因为它起讫于同一个点，所以理论上全线各站高差之和应等于零，即

$$\sum h = 0$$ (3-15)

如果高差之和不等于零，则其差值即 $\sum h$ 就是闭合水准路线的高差闭合差，即

$$f_h = \sum h$$ (3-16)

3. 支水准路线

水准支线必须在起终点间用往返测进行检核。理论上往返测所得高差的绝对值应相等，但符号相反，或者是往返测高差的代数和应等于零，即

$$\sum h_往 = - \sum h_返$$ (3-17)

如果往返测高差的代数和不等于零，其值即为水准支线的高差闭合差，即

$$f_h = \sum h_往 + \sum h_返$$ (3-18)

有时也可以用两组并测来代替一组的往返测以加快工作进度。两组所得高差应相等，若不等，其差值即为水准支线的高差闭合差。故

$$f_h = \sum h_1 - \sum h_2$$ (3-19)

闭合差的大小反映了测量成果的精度。在各种不同性质的水准测量中，都规定了高差闭合差的限值，即容许高差闭合差，用 $f_{h容}$ 表示。一般水准测量的容许高差闭合差为

$$\left. \begin{aligned} 平地 \quad & f_{h容} = \pm 40\sqrt{L} \text{ mm} \\ 山地 \quad & f_{h容} = \pm 12\sqrt{n} \text{ mm} \end{aligned} \right\}$$ (3-20)

式中 L——附合水准路线或闭合水准路线的长度，在水准支线上，L 为测段的长，km；

n——测站数。

当实际闭合差小于容许闭合差时，表示观测精度满足要求，否则应对外业资料进行检

查,甚至返工重测。

3.3.4 水准测量的内业计算

水准测量外业结束之后即可进行内业计算,计算之前应重新复查外业手簿中各项观测数据是否符合要求,高差计算是否正确。水准测量内业计算的目的是调整整条水准路线的高差闭合差及计算各待定点的高程。当实际的高差闭合差在容许值以内时,可把闭合差分配到各测段的高差上。显然,高程测量的误差是随水准路线的长度或测站数的增加而增加的,所以分配的原则是把闭合差以相反的符号根据各测段路线的长度或测站数按比例分配到各测段的高差上,故各测段高差的改正数为

$$\nu_i = \frac{-f_h}{\sum L} \times L_i \tag{3-21}$$

$$\nu_i = \frac{-f_h}{\sum n} \times n_i \tag{3-22}$$

式中　L_i 和 n_i——各测段路线之长和测站数;

$\sum L$ 和 $\sum n$——水准路线总长和测站总数。

在此,以一条闭合等外水准路线为例,介绍内业计算的方法和步骤。

【例 3-1】　如图 3-21 所示,水准点 A 和待定高程点 1、2、3 组成一闭合水准路线。各测段高差及测站数如图 3-21 所示。

计算步骤如下:

(1)将观测数据和已知数据填入计算表格,如表 3-2 所示。

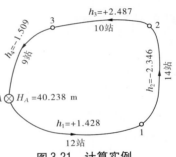

图 3-21　计算实例

表 3-2　水准测量内业计算手簿

测点	测站数	高差栏			高程	备注
		观测值(m)	改正数(mm)	改正后高差(m)		
BM_A					40.238	
1	12	1.428	−16	1.412	41.650	
2	14	−2.346	−19	−2.365	39.285	
3	10	2.487	−13	2.474	41.759	
BM_A	9	−1.509	−12	−1.521	40.238	
$\sum$	45	+0.060	−60	0.000		

将图 3-21 中的点号、测站数、观测高差与水准点 A 的已知高程填入有关栏内。

（2）计算高差闭合差。

根据式（3-16）计算出此闭合水准路线的高差闭合差，即

$$f_h = \sum h = + 0.060 \text{ m}$$

（3）计算高差容许闭合差。

水准路线的高差闭合差容许值 $f_{h容}$ 可按下式计算：

$$f_{h容} = \pm 12 \sqrt{n} \text{ mm} = \pm 12 \sqrt{45} \text{ mm} = \pm 80 \text{ mm}$$

$f_h \leqslant f_{h容}$ 说明观测成果合格。

（4）高差闭合差的调整。

在整条水准路线上由于各测站的观测条件基本相同，所以，可认为各站产生误差的机会也是相等的，故闭合差的调整按与测站数（或距离）成正比例反符号分配的原则进行。本例中，测站数 $n = 45$，故每一站的改正数为

$$-\frac{f_h}{n} = -\frac{60}{45} = -\frac{4}{3}$$

则第一段至第四段高差改正数分别为

$$\nu_1 = -\frac{4}{3} \times 12 = -16(\text{mm})$$

$$\nu_2 = -\frac{4}{3} \times 14 = -19(\text{mm})$$

$$\nu_3 = -\frac{4}{3} \times 10 = -13(\text{mm})$$

$$\nu_4 = -\frac{4}{3} \times 9 = -12(\text{mm})$$

把改正数填入改正数栏中，改正数总和应与闭合差大小相等、符号相反，并以此作为计算检核。

（5）计算改正后的高差。

各段实测高差加上相应的改正数，得改正后的高差，填入改正后高差栏内。改正后高差的代数和应等于零，以此作为计算检核。

（6）计算待定点的高程。

由 A 点的已知高程开始，根据改正后的高差，逐点推算 1、2、3 点的高程。算出 3 点的高程后，应再推回 A 点，其推算高程应等于已知 A 点高程。如不等，则说明推算有误。

任务 3.4　四等水准测量

3.4.1　四等水准测量的技术要求

三、四等水准测量一般用在国家高程控制网加密（增加密度，国家一、二等水准控制点比较稀疏，水准点之间的距离较大，因此为满足工程建设的需要，还要在国家一、二等高程控制网的基础上进行三、四等水准测量，增加国家高程控制网的密度），也可作为小地

区首级高程控制。三、四等水准网作为测区的首级控制网，一般应布设成闭合环线，然后用附合水准路线和结点网进行加密。只有在山区等特殊情况下，才允许布设支线水准。

水准路线一般尽可能沿铁路、公路，以及其他坡度较小、施测方便的路线布设。尽可能避免穿越湖泊、沼泽和江河地段。水准点应选的土质坚实、地下水位低、易于观测的位置。凡易受淹没、潮湿、震动和沉陷的地方，均不宜作水准点位置。水准点选定后，应埋设水准标石和水准标志，并绘制点之记，以便日后查寻。

四等水准的记录及各项观测限差见表 3-3。

表 3-3　四等水准各项观测限差

等级	视线高度（m）	视距长度（m）	前后视觉差（m）	前后视距累积差（m）	黑、红面分划读数差（mm）	黑、红面分划所测高差之差（mm）	路线闭合差（mm）
四	>0.2	≤80	≤3.0	≤10.0	3.0	5.0	$\pm 20\sqrt{L}$

3.4.2　四等水准测量的方法

3.4.2.1　测站观测程序

先安置好仪器。

（1）后视水准尺黑面，精平，读上、下、中丝读数，记入表 3-4 中（1）、（2）、（3）位置。

（2）前视水准尺黑面，精平，读上、下、中丝读数，记入表 3-4 中（4）、（5）、（6）位置。

（3）前视水准尺红面，精平后读中丝读数，记入表 3-4 中（7）位置。

（4）后视水准尺红面，精平后读中丝读数，记入表 3-4 中（8）位置。

这种观测顺序简称为"后—前—前—后"。

3.4.2.2　测站计算与检核

首先将观测数据（1）、（2）、…、（8）等按表格 3-4 的形式记录。

（1）视距计算与检核（单位：m）。

后视距（9）＝后[下丝读数（1）－上丝读数（2）]×100。

前视距（10）＝前[下丝读数（4）－上丝读数（5）]×100。

前、后视距差（11）＝后视距（9）－前视距（10），四等应≤±5 m，三等应≤±3 m。

前、后视距累积差（12）＝上站（12）＋本站视距差（11），四等应≤±10m，三等应≤±5 m。

（2）水准尺读数检核（单位：mm）。

前尺黑、红面读数差（13）＝黑面中丝（6）＋K_1－红面中丝（7），四等应≤±3 mm，三等应≤2 mm。

后尺黑、红面读数差（14）＝黑面中丝（3）＋K_2－红面中丝（8），四等应≤±3mm，三等应≤2 mm。

（3）高差计算与检核（单位：m）。

黑面高差（15）＝后视黑面中丝（3）－前视黑面中丝（6）。

红面高差（16）＝后视红面中丝（8）－前视红面中丝（7）。

红黑面高差之差(17) = 黑面高差(15) − [红面高差(16) ±0.1]。

或　红黑面高差之差(17) = 后尺黑、红面读数差(14) − 前尺黑、红面读数差(13)。

要求:四等应≤ ±5 mm,三等应≤3 mm。

高差中数(18) = [黑面高差(15) + 红面高差(16) ±0.1]/2。

(4)每页记录计算检核(单位:m)。

为了防止计算上的错误,还要进行计算检核。

高差检核　　　　$\sum(3) - \sum(6) = \sum(15)$

　　　　　　　　$\sum(8) - \sum(7) = \sum(16)$

　　　　　　　　$\sum(15) + \sum(16) = \sum(18)$　(偶数站)

　　　　　　　　　　　　　　　　$= \sum(18) ±0.1$(奇数站)

视距检核　　　　$\sum(9) - \sum(10) =$ 末站$\sum(12)$

三、四等水准测量的计算见表3-4。

表3-4　四等水准测量记录、计算

测量编号	后尺 下丝 上丝	前尺 下丝 上丝	方向及尺号	标尺读数		$K +$黑$-$红	高差中数(mm)	备注
				黑面(mm)	红面(mm)			
	后 距	前 距						
	视距差 d (mm)	$\sum d$ (mm)						
	(1)	(4)		(3)	(8)	(14)		
	(2)	(5)		(6)	(7)	(13)	(18)	
	(9)	(10)		(15)	(16)	(17)		
	(11)	(12)						
1	1 571	0 739	后 A	1 384	6 171	0	+0 832.5	
	1 197	0 363	前 B	0 551	5 239	−1		
	374	376	后 − 前	+0 833	+0 932	+1		
	−0.2	−0.2						
2	2 121	2 196	后 B	1 934	6 621	0	−0 074.5	A 尺: $K = 4 787$ B 尺: $K = 4 687$
	1 747	1 821	前 A	2 008	6 796	−1		
	374	375	后 − 前	−0 074	−0 175	+1		
	−0.1	−0.3						
3	1 914	2 055	后 A	1 726	6 513	0	−0 140.5	
	1 539	1 678	前 B	1 866	6 554	−1		
	375	377	后 − 前	−0 140	−0 041	+1		
	−0.2	−0.5						

假设第1站后视点高程为475.537 m,则第4站前视点的高程为　476.154 m

3.4.2.3　成果计算

水准测量成果处理是根据已知点高程和水准路线的观测高差,求出待定点的高程值。三、四等附合或闭合水准路线高差闭合差的计算、调整方法与普通水准测量相同。其高差闭合差的限差为

$$\left.\begin{array}{ll}\text{平地} & f_{h容} = \pm 20\sqrt{L}\ \text{mm}\\[2mm]\text{山地} & f_{h容} = \pm 6\sqrt{n}\ \text{mm}\end{array}\right\} \tag{3-23}$$

任务 3.5　水准仪的检验与校正

水准仪在使用之前,应先进行检验和校正。水准仪检验和校正的目的是保证水准仪各轴系之间满足应有的几何关系。下面介绍微倾式水准仪的检验与校正方法。

3.5.1　水准仪应满足的条件

3.5.1.1　圆水准器轴 $L'L'$ 应平行于仪器竖轴 VV

满足此条件的目的是当圆水准器气泡居中时,仪器竖轴即处于竖直位置。这样,仪器转动到任何方向,管水准器的气泡都不至于偏差太大,调节水准管气泡居中就很方便。

3.5.1.2　十字丝的横丝应垂直于仪器竖轴

当此条件满足时,可不必用十字丝的交点而用交点附近的横丝进行读数,故可提高观测速度。

3.5.1.3　水准管轴 LL 应平行于视准轴 CC

根据水准测量原理,要求水准仪能够提供一条水平视线。而仪器视线是否水平是依据望远镜的管水准器来判断的,即水准管气泡居中,则认为水准仪的视准轴水平。因此,应使水准管轴平行于视准轴,如图 3-22 所示。此条件是水准仪应满足的主要条件。

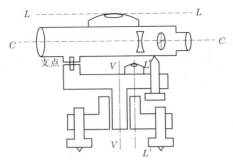

图 3-22　水准仪满足的条件

3.5.2 微倾式水准仪的检校

3.5.2.1 圆水准器轴平行于仪器竖轴的检校

检验:如图 3-23(a)所示,用脚螺旋使圆水准器气泡居中,此时圆水准器轴 $L'L'$ 处于竖直位置。假设竖轴 VV 与 $L'L'$ 不平行,且交角为 δ,则此时竖轴 VV 与竖直位置偏差 δ 角。将望远镜绕仪器竖轴旋转 180°,如图 3-23(b)所示,圆水准器转到竖轴的另一侧,这时 $L'L'$ 不但不竖直,而且与铅垂线的交角为 2δ。显然气泡不再居中,气泡偏移的弧度所对的圆心角等于 2δ。气泡偏移的距离表示仪器旋转轴与圆水准器轴交角的 2 倍。

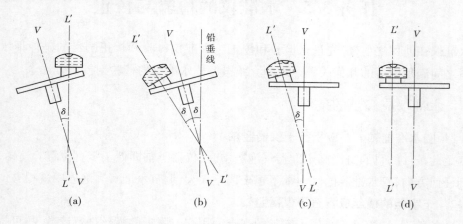

图 3-23 圆水准器轴平行于仪器竖轴的检校

校正:通过检验证明 $L'L'$ 与 VV 不平行,则需校正。校正时可用校正针分别拨动圆水准器下角的三个校正螺丝(见图 3-24),使气泡向居中位置移动偏离的 1/2,如图 3-23(c)所示,这时,圆水准器轴 $L'L'$ 与 VV 平行。然后用脚螺旋调整使气泡完全居中。竖轴 VV 则处于竖直状态,如图 3-23(d)所示。这项检验校正工作需要反复进行数次,直到仪器竖轴旋到任何位置圆水准器气泡都居中。

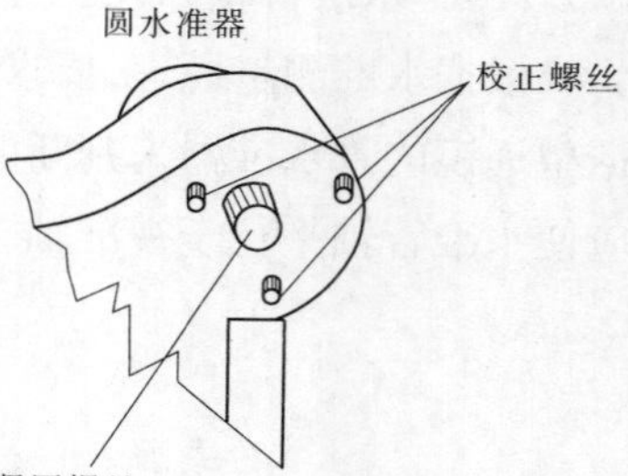

图 3-24 校正螺丝

3.5.2.2 十字丝横丝应垂直于仪器竖轴的检校

检验:选择一目标 P,然后固定制动螺旋,转动微动螺旋,如标志点 P 始终在横丝上移动,如图 3-25(a)、(b)所示,则说明条件满足;否则,如图 3-25(c)、(d)所示,则需校正。

校正:松开十字丝分划板的固定螺丝,如图 3-25(e)所示,转动十字丝分划板座,使其满足条件,此项校正也须反复进行。

3.5.2.3 视准轴平行于水准管轴的检校

水准管轴与视准轴不平行,存在一个角,称 i 角。

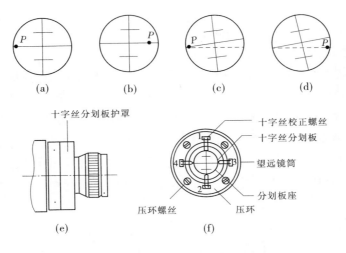

图 3-25 十字丝横丝应垂直于仪器竖轴的检校

检验:如图 3-26 所示,在平坦地面选相距 40 ~ 60 m 的 A、B 两点,在两点打入木桩或设置尺垫。水准仪首先置于离 A、B 等距的 C 点,假设视准轴不与水准管轴平行,它们之间的夹角为 i。当水准管气泡居中,即水准管轴水平时,视线倾斜 i 角,图中设视线上倾,由于 i 角对标尺读数的影响与距离成正比,则当前后视距相等时($AC = CB$),则高差

$$h_{AB} = a_1 - b_1 \tag{3-24}$$

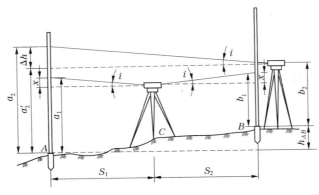

图 3-26 视准轴平行于水准管轴的检校

为正确的高差值。因此,检验时先将仪器置于两水准尺中间等距处,测得两立尺点正确高差。然后将仪器安置于 A 点或 B 点附近(约 3 m),如将仪器搬至 B 点附近,则读得 B 尺上读数为 b_2,因为此时仪器离 B 点很近,i 角的影响很小,可忽略不计,故认为 b_2 为正确的读数。并用公式

$$a_2' = b_2 + h_{AB} \tag{3-25}$$

可计算出 A 尺上应读得的正确读数 a_2'(视线水平时的读数)。然后瞄准 A 尺读得读数 a_2。若 $a_2 = a_2'$,则说明条件满足,否则存在 i 角,其值为

$$i = \frac{a_2 - a_2'}{S_{AB}} \rho \qquad (3\text{-}26)$$

对于 DS_3 型水准仪，i 值应小于 $20''$，如果超限，则需校正。

校正：为了使水准管轴和视准轴平行，用微倾螺旋使远点 A 的读数从 a_2 改变到 a_2'，此时视准轴由倾斜位置改变到水平位置，但水准管也因随之变动而气泡不再符合。用校正针拨动水准管一端的校正螺旋使气泡符合，则水准管轴也处于水平位置从而使水准管轴平行于视准轴。水准管的校正螺旋如图 3-27 所示，校正时先松动左右两校正螺旋，然后拨上下两校正螺旋使气泡符合。拨动上下校正螺旋时，应先松一个再紧另一个逐渐改正，当最后校正完毕时，所有校正螺旋都应适度旋紧。注意：此项检校须经常进行。

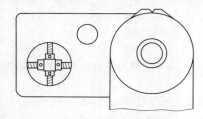

图 3-27 水准管的校正螺旋

任务 3.6 水准仪认识实训

3.6.1 目的

了解水准仪的构造，熟悉水准仪的技术操作方法。

3.6.2 仪器工具

水准仪、水准尺、尺垫、记录板。

3.6.3 步骤

（1）熟悉 DS_3 型水准仪各部件名称及作用。

（2）安置和粗平水准仪。

仪器的粗略整平是用脚螺旋使圆水准器的气泡居中。不论圆水准器在任何位置，先用任意两个脚螺旋使气泡移到通过圆水准器零点并垂直于这两个脚螺旋连线的方向上，如此可使仪器在这两个脚螺旋连线的方向处于水平位置。然后单独用第三个脚螺旋使气泡居中，如此使原两个脚螺旋连线的垂线方向亦处于水平位置，从而使整个仪器置平。如仍有偏差，可重复进行。操作时必须记住以下三条要领：

①先旋转两个脚螺旋，然后旋转第三个脚螺旋。

②旋转两个脚螺旋时必须做相对的转动,即旋转方向应相反。

③气泡移动的方向始终和左手大拇指移动的方向一致。

(3)用望远镜照准水准尺,并且消除视差。

首先用望远镜对着明亮背景,转动目镜对光螺旋,使十字丝清晰可见。然后松开制动螺旋,转动望远镜,利用镜筒上的准星和照门照准水准尺,旋紧制动螺旋。再转动物镜对光螺旋,使尺像清晰。此时如果眼睛上、下晃动,十字丝交点总是指在标尺物像的一个固定位置,即无视差现象。如果眼睛上、下晃动,十字丝横丝在标尺上错动就是有视差,说明标尺物像没有呈现在十字丝平面上。若有视差将影响读数的准确性。消除视差时要仔细进行物镜对光使水准尺看得最清楚,这时如十字丝不清楚或出现重影,再旋转目镜对光螺旋,直至完全消除视差,最后利用微动螺旋使十字丝精确照准水准尺。

(4)精确整平水准仪。

转动微倾螺旋使管水准器的符合水准气泡两端的影像符合。转动微倾螺旋要稳重,慢慢地调节,避免气泡上下不停错动。由于圆水准器的灵敏度较低,所以用圆水准器只能使水准仪粗略地整平。因此,在每次读数前还必须用微倾螺旋使水准管气泡符合,使视线精确整平。由于微倾螺旋旋转时,经常会改变望远镜和竖轴的关系,当望远镜由一个方向转变到另一个方向时,水准管气泡一般不再符合。所以望远镜每次变动方向后,也就是在每次读数前,都需要用微倾螺旋重新使气泡符合。

(5)读数。

用十字丝中间的横丝读取水准尺的读数。从尺上可直接读出米、分米和厘米数,并估读出毫米数,所以每个读数必须有四位数。如果某一位数是零,也必须读出并记录,不可省略。由于望远镜一般都为倒像,所以从望远镜内读数时应由上向下读,即由小数向大数读。读数前应先认清水准尺的分划特点,特别应注意与注字相对应的分米分划线的位置。为了保证得出正确的水平视线读数,在读数前和读数后都应该检查气泡是否符合。

3.6.4 注意事项

(1)安置仪器时应将仪器中心连接螺旋拧紧,防止仪器从脚架上脱落下来。

(2)水准仪为精密光学仪器,在使用中要按照操作规程作业,各个螺旋要正确使用。

(3)在读数前务必将水准器的符合水准气泡严格符合,读数后应复查气泡符合情况,出现气泡错开,应立即重新将气泡符合后再读数。

(4)转动各螺旋时要稳、轻、慢,不能用力太大。

(5)发现问题,及时向指导教师汇报,不能自行处理。

(6)水准尺必须要有人扶着,决不能立在墙边或靠在电杆上,以防摔坏水准尺。

(7)螺旋转到头要返转回来少许,切勿继续再转,以防脱扣。

3.6.5 记录计算

实习报告

日期：　　　　班级：　　　　组别：　　　　姓名：　　　　　　学号：

实习题目	水准仪的认识与操作	成绩	
实习技能目标			
主要仪器及工具			

1. 在下图引出的标线上标明仪器该部件的名称。

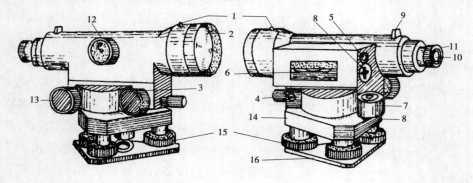

2. 用箭头标明如何转动三只脚螺旋,使下图所示的圆水准器气泡居中。

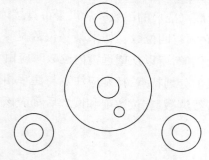

3. 用微倾式水准仪进行水准测量时,除了使_____气泡居中外,读数前还必须转动_____螺旋,使_____气泡中,才能读数。
若使下图气泡影像符合,请用箭头标出操作螺旋的转动方向。

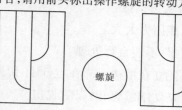

任务 3.7　普通水准测量实训

3.7.1　目的

掌握普通水准测量方法,熟悉记录、计算和检核。

3.7.2　仪器工具

水准仪、水准尺、尺垫、记录板。

3.7.3　步骤

(1)做闭合的水准路线测量(由某一已知水准点开始,经过若干转点、临时水准点再回到原来的水准点)或附合水准路线测量(由某一已知水准点开始,经过若干转点、临时水准点后到达另一已知水准点),全组共同施测一条闭合水准路线,其长度以安置 4~6 个测站为宜。确定起始点及水准路线的前进方向。人员分工是:两人扶尺,一人记录,一人观测。施测 1~2 站后轮换工作。在每一站上,观测者首先应整平仪器,然后照准后视尺,对光、调焦、消除视差。慢慢转动微倾螺旋,将管水准器的气泡严格符合后,读取中丝读数,记录员将读数记入记录表中。读完后视读数,紧接着照准前视尺,用同样的方法读取前视读数。

(2)记录员把前、后视读数记好后,应立即计算本站高差 h_i。观测精度符合要求后,根据观测结果进行水准路线高差闭合差的调整和高程计算。

3.7.4　注意事项

(1)计算沿途各转点高差和各观测点高程(可假设起点高程为 500.000 m)。

(2)视线长度不得超过 100 m。

(3)前后视距应大致相等。

(4)闭合差的容许值为

$$f_{h容} = \pm 40\sqrt{L} \text{ mm}$$

$$f_{h容} = \pm 12\sqrt{n} \text{ mm}$$

3.7.5　记录计算

记录表格见表 3-5、表 3-6。

表 3-5　水准路线高差调整与高程计算

点号	距离 （m）	测站数 （个）	测得高差 （m）	高差改正数 （mm）	改正后高差 （m）	高程 （m）	备注
Σ							

$\Delta h =$

$\Delta h_允 =$

表 3-6　水准测量记录

测	自　　点 至　　点 仪器型号：		天　气： 呈　像： 日　期：			班级组别： 观测者： 记录者：	

测　点	后视读数 （m）	前视读数 （m）	高差（m）		高程 （m）	备注
			+	−		
校核计算	$\sum a =$ $-)\sum b =$ $\Delta h =$		$\sum h =$ $\Delta h_允 = \pm\sqrt{n} =$		末点高程 = $-)$ 起点高程 =	

任务 3.8 四等水准测量实训

3.8.1 目的

掌握四等水准测量的观测方法。

3.8.2 仪器工具

水准仪、双面水准尺、尺垫、计算器、记录板。

3.8.3 步骤

(1)用四等水准测量方法观测一闭合路线。选定一条闭合或附合水准路线,其长度以安置 4~6 个测站为宜。沿线标定待定点的地面标志。在起点与第一个立尺点之间设站,安置好水准仪后,按以下顺序观测:

后视黑面尺,读取下、上丝读数;精平,读取中丝读数;分别记入四等水准测量记录表(1)、(2)、(3)顺序栏中;

前视黑面尺,读取下、上丝读数;精平,读取中丝读数;分别记入四等水准测量记录表(4)、(5)、(6)顺序栏中;

前视红面尺,精平,读取中丝读数;记入四等水准测量记录表(7)顺序栏中;

后视红面尺,精平,读取中丝读数;记入四等水准测量记录表(8)顺序栏中;

这种观测顺序简称"后—前—前—后",也可采用"后—后—前—前"的观测顺序。

(2)各种观测记录完毕应随即计算:

①黑、红面分划读数差(同一水准尺的黑面读数 + 常数 K − 红面读数)填入四等水准测量记录表(9)、(10)顺序栏中;

②黑、红面分划所测高差之差填入四等水准测量记录表(11)、(12)、(13)顺序栏中;

③高差中数填入四等水准测量记录表(14)顺序栏中;

④前、后视距(上、下丝读数差乘以 100,单位为 m)填入四等水准测量记录表(15)、(16)顺序栏中;

⑤前、后视距差填入四等水准测量记录表(17)顺序栏中;

⑥前、后视距累积差填入四等水准测量记录表(18)顺序栏中;

⑦检查各项计算值是否满足限差要求。

(3)进行高差闭合差的调整与高程计算。

3.8.4 注意事项

(1)视线长度、前后视距差、前后视距差的累积差、视线高度、黑红面读数差、黑红面高差之差均按四等水准规定要求,见表 3-7。

表 3-7　三、四等水准测量技术要求

等级	视线高度（m）	视距长度（m）	前后视距差（m）	前后视距累积差（m）	黑、红面分划读数差（mm）	黑、红面分划所测高差之差（mm）	路线闭合差（mm）
四	>0.2	≤80	≤3.0	≤10.0	3.0	5.0	$\pm20\sqrt{L}$

（2）每组至少观测六站，组成一个闭合路线。

3.8.5　记录计算

记录表格见表 3-8、表 3-9。

表 3-8　水准路线高差闭合差调整与高程计算

点　号	距　离（m）	测站数 N	测得高差（m）	高差改正数（mm）	改正后高差（m）	高　程（m）	备　注
Σ							

$\Delta h =$

$\Delta h_{允} =$

表 3-9 四等水准测量记录

测自 至 仪器型号： 观测者：
年 月 日 天 气： 记录者：

测站编号	后尺 下丝 / 上丝	前尺 下丝 / 上丝	方向及尺号	水准尺读数（m）		$K+$黑$-$红（mm）	高差中数（m）	备注
				黑色面	红色面			
	后距（m）	前距（m）						
	前后视距差（m）	前后视距差的累积差（m）						
	（1）	（4）	后	（3）	（8）	（13）		$K_1 =$
	（2）	（5）	前	（6）	（7）	（14）	（18）	$K_2 =$
	（9）	（10）	后－前	（16）	（17）	（15）		
	（11）	（12）						
校核	$\sum(9) =$ $\sum(10) =$			$\sum(3) =$ $\sum(6) =$ $\sum(16) =$	$\sum(8) =$ $\sum(7) =$ $\sum(17) =$		$\sum(18) =$	
	（12）末站 $=$ 总距离 $=$			$\frac{1}{2}\left[\sum(16)+\sum(17)\pm0.100\right] =$				

习题与作业

1. 什么叫视准轴？如何使视准轴水平？

2. DS₃ 型水准仪的技术操作分为哪几步？

3. 将仪器架设在两水准尺等距离处可消除哪些误差？

4. 在检验校正水准管轴与视准轴是否平行时，将仪器安置在距 A、B 两点等距离处，得 A 尺的读数 $a_1 = 1.573$ m，B 尺读数 $b_1 = 1.215$ m。将仪器搬至 A 尺附近，得 A 尺读数 $a_2 = 1.432$ m，B 尺读数 $b_2 = 1.066$ m，问：

(1)视准轴是否平行于水准管轴？

(2)当水准管气泡居中时，视线向上倾斜还是向下倾斜？

(3)如何校正？

(4)若是自动安平水准仪，如何校正？

项目 4　角度测量

角度测量是测量的基本工作之一，角度测量又分为水平角观测和竖直角观测两种，最主要的观测仪器是经纬仪。经纬仪既能测量水平角，又能测量竖直角，水平角用于求解地面点的平面位置，竖直角则用于求解高差或将倾斜距离换算成水平距离。

任务 4.1　角度测量原理

4.1.1　水平角测量原理

水平角指地面上某点到两目标的方向线铅垂投影在水平面上所成的角度。如图 4-1 所示，由地面点 A 到 B、C 两个目标的方向线 AB 和 AC，在水平面上的投影为 ab 和 ac，其夹角 β 即为所述水平角，其取值范围为 $0° \sim 360°$。

若在角顶 A 的铅垂线上，水平放置一个带有顺时针刻划的圆盘，称为水平度盘，使圆盘中心 O 位于 A 点的铅垂线上，通过 AB 和 AC 两方向线的竖直面在度盘上的读数分别为 n 和 m，则两读数之差即为两方向线间的水平角值，即

$$\beta = m - n \tag{4-1}$$

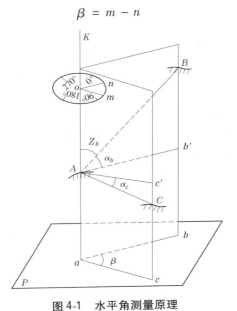

图 4-1　水平角测量原理

4.1.2 竖直角测量原理

竖直角(垂直角)指在同一竖直面内,地面某点至目标的方向线与水平视线间的夹角。如图4-2所示,竖直角用 α 表示,当目标点的方向线在水平视线的上方时,竖直角为正($\alpha > 0°$),称为仰角;当目标的方向线在水平视线的下方时,竖直角为负($\alpha < 0°$),称为俯角。所以竖直角的取值范围是 $-90° \sim +90°$。

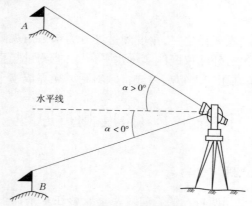

水平线

图 4-2 竖直角测量原理

在竖直面内安置带有均匀刻划的竖直度盘,竖直角的角值也是两个方向的读数之差,其中一个方向是水平线方向,水平方向的读数可以通过竖盘指标水准器或竖盘指标自动装置来确定。对经纬仪而言,水平视线方向的竖直度盘读数一般设置为0°或90°的整倍数,因此测量竖直角时,只要瞄准目标读取竖直度盘读数就可以计算出视线方向的竖直角。

任务4.2 经纬仪的操作

4.2.1 认识经纬仪

测量工作中用于观测水平角、竖直角的仪器称为经纬仪。国产光学经纬仪按其精度等级划分的型号有:DJ_{07}、DJ_1、DJ_2 及 DJ_6 等几种,其中,字母 D、J 分别为"大地测量"和"经纬仪"的汉字拼音第一个字母,其下标数字07、1、2、6分别为该仪器一测回方向观测中误差的秒数。DJ_{07}、DJ_1、DJ_2 型光学经纬仪属于精密光学经纬仪,DJ_6 型光学经纬仪属于普通光学经纬仪。国外的某些光学经纬仪(如瑞士徕卡公司)的型号有 T_3、T_2 和 T_1,其中字母 T 为 Theodolite(经纬仪)的第一个字母,仪器一测回方向观测中误差的秒数分别为 $\pm 1''$,$\pm 2''$,$\pm 6''$。尽管仪器的精度等级或生产厂家不同,但它们的基本结构是大致相同的。图4-3为北京光学仪器厂生产的 DJ_6 型光学经纬仪外貌图,各部件名称如图上所注,它主要由基座、水平度盘和照准部三部分组成。

4.2.1.1 基座

基座是支撑整个仪器的底座,并借助基座的中心螺母和三脚架上的中心连接螺旋将

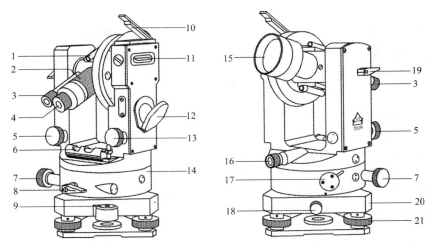

1—光学瞄准器;2—物镜调焦螺旋;3—读数显微镜;4—目镜;5—望远镜微动螺旋;
6—照准部管水准器;7—水平微动螺旋;8—水平制动螺旋;9—基座圆水准器;
10—竖盘指标水准器反射镜;11—竖盘指标管水准器;12—反光镜;
13—竖盘指标管水准器微动螺旋;14—水平度盘;15—物镜;16—光学对中器;
17—水平度盘变换螺旋与保护卡;18—轴套固定螺旋;19—望远镜制动螺旋;
20—基座;21—脚螺旋

图 4-3 DJ₆ 型光学经纬仪

仪器与三脚架固连在一起。基座上有 3 个脚螺旋,1 个圆水准器,用来整平仪器。水平度盘的旋转轴套套在竖轴轴套外面,拧紧轴套固定螺旋,可将仪器固定在基座上,松开该固定螺旋,可将仪器从基座中提出,便于置换觇牌。但平时务必将基座上的固定螺旋拧紧,不得随意松动。

4.2.1.2 水平度盘

水平度盘是一个由光学玻璃制成的圆环。圆环上刻有从 0°~360° 的顺时针方向注记的等间隔分划线,有的经纬仪在度盘两刻度线正中间加刻一短分划线。两相邻分划间的弧长所对圆心角,称为度盘分划值,通常为 1° 或 30′。度盘通过外轴装在基座中心的轴套内,并用螺旋固紧。

4.2.1.3 照准部

在水平度盘以上能绕其旋转轴旋转的全部部件称为照准部,主要由望远镜、竖直度盘、照准部水准管、读数设备及支架等组成。望远镜由物镜、目镜、十字丝分划板及调焦透镜组成,其作用与水准仪的望远镜相同。望远镜的旋转轴称为横轴。望远镜通过横轴安装在支架上,通过调节望远镜制动螺旋和微动螺旋使它绕横轴在竖直面内上下转动。竖直度盘固定在横轴的一端,随望远镜一起转动,与竖盘配套的有竖盘水准管和竖盘水准管微动螺旋。照准部水准管用来精确整平仪器,使水平度盘处于水平位置。一般的经纬仪除照准部水准管外,还装有圆水准器,用来粗略整平仪器。照准部的旋转轴称为竖轴,竖轴插入基座内的竖轴套中,照准部在水平方向上旋转,由照准部水平制动螺旋 8 和水平微动螺旋 7 控制。

4.2.2 经纬仪的安置

在进行角度观测之前,必须把经纬仪安置在测站上。经纬仪的安置包括对中和整平两项操作。对中的目的是使仪器的水平度盘中心与测站点标志中心处于同一铅垂线上,对中的方法中目前较多采用光学对中。整平的目的是使仪器的竖轴竖直,使水平度盘处于水平位置。整平分粗平和精平两部分。具体操作方法如下:

打开三脚架,安置在测站点上,使架头大致水平,架头的中心大致对准测站标志,注意使脚架高度适中。踩紧三脚架,装上仪器,旋紧中心连接螺旋。然后旋转光学对中器的目镜,使对中标志的分划板清晰,再转动物镜调焦螺旋使测站标志的影像清晰。

(1)粗略对中。三脚架一腿支在地面上,双手握紧另外两腿,一边移动一边通过光学对中器的目镜观察,当对中标志的分划板和测站点标志中心基本对准时,将脚架的脚尖踩紧。

(2)精确对中。转动脚螺旋,使标志中心影像位于对中器分划线中心,对中误差应该小于1 mm。

(3)粗略整平。伸缩脚架使圆气泡居中,但要注意脚架位置不得移动。

(4)精确整平。先转动照准部,使照准部水准管大致平行于基座上任意两个脚螺旋的连线,转动这两个脚螺旋使水准管气泡精确居中。然后使照准部转动90°,转动第三个脚螺旋使水准管气泡精确居中,如图4-4所示。

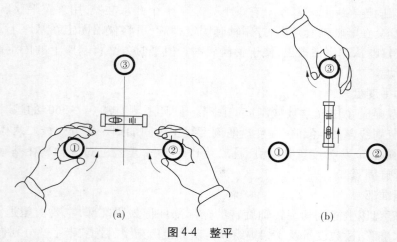

图4-4 整平

(5)再次精确对中,精确整平。整平的操作可能会破坏前面的精确对中成果,因此最后还要检查一下标志中心是否仍位于小圆圈中心,若有很小偏差可稍松中心连接螺旋,在架头上移动仪器,使其精确对中,拧紧连接螺旋。再重复精平的操作,如此重复进行直到完全精确对中和精确整平。

角度测量时瞄准的目标一般是竖立在地面点上的测钎、花杆、觇牌等。测水平角时,要用望远镜十字丝分划板的竖丝对准标志。操作程序如下:松开望远镜和照准部的制动螺旋,将望远镜对向明亮背景,进行目镜调焦,使十字丝清晰。通过望远镜镜筒上方的缺口和准星粗略瞄准目标,拧紧制动螺旋。进行物镜调焦,在望远镜内能最清晰地看清目标,注意消除视差。转动望远镜和照准部的微动螺旋,使十字丝分划板的竖丝精确地瞄准目标,如图 4-5 所示。注意尽可能瞄准目标的下部。

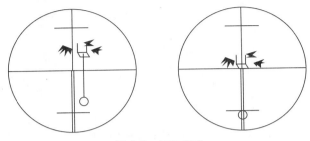

图 4-5　目标照准

4.2.3　读数

读数时,先将反光照明镜打开到适当位置,调整镜面朝向光源,使读数窗亮度均匀,调节读数显微镜的目镜使刻划线清晰,然后读数。

4.2.4　置盘

置盘是指照准某一方向的目标后,使水平度盘的读数等于给定或需要的值。在观测水平角时,常使起始方向的水平度盘读数为零或其他数值,如果使其为零,就称为"置零"或"对零"。

任务 4.3　水平角观测

观测水平角的方法,应根据测量工作要求的精度、使用的仪器、观测目标的多少而定。目前,常用的观测水平角的作业方法为测回法和方向观测法。

4.3.1　测回法

水平角观测,通常都要在盘左和盘右两个盘位分别观测。照准目标时,如果竖盘位于望远镜的左侧,称为盘左(又叫正镜);如果竖盘位于望远镜的右侧,则称为盘右(又叫倒镜)。将盘左、盘右观测结果取平均值,可以抵消部分仪器误差的影响,提高观测成果质量。当只用盘左或者盘右观测一次时,称为半个测回或半测回;当盘左、盘右各观测一次时,合称为一个测回或一测回。

测回法适用于观测只有两个方向的单角。如图 4-6 所示,设在 O 安置经纬仪,测量 OA、OB 两方向间的水平角,对中、整平后,一测回的操作步骤如下。

4.3.1.1　盘左观测

(1)调整望远镜为盘左位置,精确照准左边的目标 A,对水平度盘置数,略大于 $0°$,将读数 $a_左$ 记入手簿。

(2)顺时针转动照准部,精确照准右边的目标 B,读取水平度盘读数 $b_左$,记入手簿。

(3)计算上半测回观测(盘左观测)的水平角值

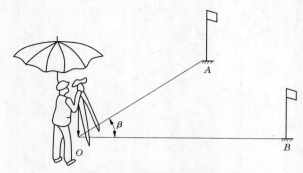

图 4-6 测回法观测水平角

$$\beta_左 = b_左 - a_左 \tag{4-2}$$

4.3.1.2 盘右观测

（1）倒转望远镜变为盘右位置，先照准右边的目标 B，读取水平度盘读数 $b_右$，记入手簿。

（2）逆时针转动照准部，再照准目标 A，读取水平度盘读数 $a_右$，记入手簿。

（3）计算下半测回观测（盘右观测）的水平角值

$$\beta_右 = b_右 - a_右 \tag{4-3}$$

4.3.1.3 一测回水平角值的计算

对于 DJ$_6$ 型光学经纬仪，当盘左、盘右两个"半测回"角值之差不超过 ±36″时，取两半测回角值的平均值作为一测回观测的水平角值，即

$$\beta = (\beta_左 + \beta_右)/2 \tag{4-4}$$

由于水平度盘的刻划注记是按顺时针方向增加的，因此在计算角值时，无论是盘左还是盘右，均用右边目标的读数减去左边目标的读数，如果右边目标读数不够减，则应加上 360°后再减。

4.3.1.4 多测回水平角值的置盘

为了提高观测精度、减小度盘分划误差的影响，水平角需要观测多个测回，每测回应改变起始度盘的位置，其改变值为 180°/n（n 为测回数）。但应注意，不论观测多少个测回，第 1 测回的置数均应当为 0°。例如，要观测 2 个测回，第 1 测回起始方向的置数应为 0°（略大于 0°），则第 2 测回起始方向的置数应为 90°（略大于 90°）。当各测回角值之差不超过 ±24″时，取各测回的平均值作为最后结果。若超限，则应重测。测回法观测手簿见表 4-1。

4.3.2 方向观测法

方向观测法又称全圆测回法，用于两个以上目标方向的水平角观测。当一个测站上观测方向有多个时，需要同时测量出多个角度，此时应采用方向观测法进行观测。

4.3.2.1 观测方法

如图 4-7 所示，设在 O 点安置经纬仪，观测 A、B、C、D 四个方向间的水平角。对中整平后，用方向观测法观测一个测回的操作程序如下：

表 4-1　测回法观测手簿

测站	测回	竖盘位置	目标	水平度盘读数 (° ′ ″)	半测回角值 (° ′ ″)	一测回角值 (° ′ ″)	各测回平均值 (° ′ ″)
O	1	左	A	00　01　12	39　15　36	39　15　33	39　15　38
			B	39　16　48			
		右	A	180　01　06	39　15　30		
			B	219　16　36			
O	2	左	A	90　00　06	39　15　48	39　15　42	
			B	129　15　54			
		右	A	270　00　12	39　15　36		
			B	309　15　48			

（1）选定一个距离适中、目标清晰的方向 A 作为起始方向（又称为零方向），以正镜照准 A 点，水平度盘置数略大于零度。将读数记入手簿。

（2）顺时针方向旋转照准部（如图中实线箭头所示），依次照准 B、C、D 和 A，读数、记录。

（3）倒镜照准目标 A，读数、记录。

（4）逆时针方向旋转照准部（如图中虚线箭头所示），依次照准 D、C、B 和 A，读数、记录。直至一个测回的观测完毕。同样，为了削弱度盘分划误差的影响，提高测角精度，可变换水平度盘位置观测若干个测回。

在半测回的观测中，最后都有一个再次观测起始方向的操作，这个操作称为归零，归零的目的是检核观测过程中仪器是否发生了变动（因为方向数较多，观测时间较长的缘故）。由于有了归零操作，相当于做了一个圆周的观测，所以这种观测方法又称为全圆观测法。

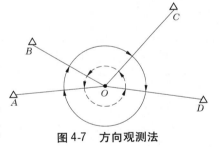

图 4-7　方向观测法

4.3.2.2　手簿计算

方向观测法的记录格式如表 4-2 所示。盘左观测时，由上往下记录；盘右观测时，由下往上记录。计算在表格中进行，计算方法和有关要求分述如下：

（1）计算半测回归零差。半测回作业中，开始和最后两次照准起始方向的读数差称为半测回归零差。对于 DJ$_6$ 型经纬仪，半测回归零差不得超过 ±24″，否则应重测。

（2）计算两倍照准差 2c。2c 即正倒镜照准同一目标时的水平度盘读数之差，称为二倍照准差，按下式计算：

$$2c = 盘左读数 L - （盘右读数 R ± 180°）\qquad(4-5)$$

在没有水平度盘偏心差影响的情况下，2c 值的大小和稳定性反映了望远镜视准轴与横轴是否垂直以及照准和读数是否包含较大的误差。按式(4-5)算得的 $2c$ 中包含了水平度盘可能出现的偏心差,已不能真实反映视准轴与横轴的关系以及照准和读数的质量,故不必计算 $2c$ 值。

表4-2　方向观测法观测手簿

测回	目标	水平度盘读数		$2c=$左 $-$ (右 $\pm180°$) ('')	平均读数 $=$ [左 $+$ (右 $\pm180°$)]/2 (° ′ ″)	归零后的方向值 (° ′ ″)	各测回归零方向平均值 (° ′ ″)
		盘左 (° ′ ″)	盘右 (° ′ ″)				
1	2	3	4	5	6	7	8
1	A	00 02 06	180 02 18		(00 02 10) 00 02 12	00 00 00	00 00 00
	B	60 42 30	240 42 36		60 42 33	60 40 23	60 40 18
	C	130 57 24	310 57 06		130 57 15	130 55 05	130 55 16
	D	240 48 54	60 48 48		240 48 51	240 46 41	240 46 40
	A	00 02 12	180 02 06		00 02 09		
2	A	90 01 00	270 01 06		(90 01 06) 90 01 03	00 00 00	
	B	150 41 12	330 41 24		150 41 18	60 40 12	
	C	220 56 30	40 56 36		220 56 33	130 55 27	
	D	330 47 48	150 47 42		330 47 45	240 46 39	
	A	90 01 06	270 01 12		90 01 09		

(3)计算同一方向盘左、盘右读数的平均值。计算公式为

$$平均值 = [盘左读数 L + (盘右读数 R \pm 180°)]/2 \tag{4-6}$$

一测回中,起始方向盘左、盘右读数的平均值有两个,应再取这两个平均值的中数作为起始方向读数平均值的最后结果,写在第一个平均值上方的括号内(如表中第6列所示)。

(4)计算一测回归零方向值。将计算出的各方向的读数平均值分别减去起始方向的读数平均值(括号内之值),即得各方向的归零方向值。

(5)计算各测回归零后的平均方向值。若合乎限差要求,取其平均值作为该方向的最后结果。

(6)水平角的计算。将相邻两个归零后的方向值相减,即为这两个方向所夹的水平角。

应当指出,当测站上的观测方向数正好为 3 个时,可以不进行归零观测,即每个半测回不必再次观测起始方向,因而起始方向没有两盘左盘右读数的平均值再取中数的计算,其余计算及检核与全圆法完全相同。按照《城市测量规范》(CJJ/T 8—2011)的规定,方

向观测法的限差见表4-3。

表 4-3 方向观测法的限差要求

经纬仪型号	半测回归零差	一测回内 $2c$ 互差	同一方向值各测回较差
DJ$_2$	12″	18″	9″
DJ$_6$	18″		24″

任务 4.4 竖直角观测

4.4.1 竖直角观测原理

竖直角指在同一铅垂面内,瞄准目标的倾斜视线与水平视线的夹角。如图 4-8 所示,竖直角为 α,取值范围为 $-90° \sim 90°$。而所谓天顶距,即在同一竖直面内,视线与过测站铅垂线指天方向之间的夹角,天顶距的取值范围为 $0° \sim 180°$。天顶距 Z 与竖直角 α 之间的关系为

$$Z = 90° - \alpha \tag{4-7}$$

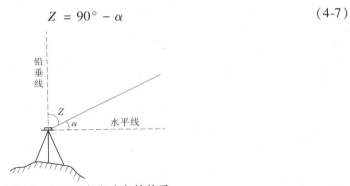

图 4-8 天顶距与竖直角的关系

4.4.2 竖盘结构

光学经纬仪竖盘部分包括竖直度盘、竖盘指标水准管和竖盘指标水准管微动螺旋,如图 4-9 所示。竖盘固定在横轴一端且与横轴垂直。当望远镜绕横轴旋转时,竖盘随之转动,而竖盘指标不动。竖盘指标为分(测)微尺的零分划线,它与竖盘指标水准管固连在一起。当旋转竖盘指标水准管微动螺旋使指标水准管气泡居中时,竖盘指标即处于正确位置。也有些光学经纬仪采用竖盘指标自动归零装置,自动调整竖盘指标使其处于正确位置。竖盘为全圆周刻划,刻划注记形式有顺时针与逆时针两种。当望远镜视线水平,竖盘指标水准管气泡居中时,竖盘读数应为 90°或 90°的整倍数。

4.4.3 竖直角计算公式

由于竖盘刻划注记有顺时针和逆时针两种形式,因此竖直角的计算公式也不同。在图 4-10(a)中,盘左位置视线水平时的竖盘读数为 90°,将望远镜逐渐抬高(仰角),竖盘读

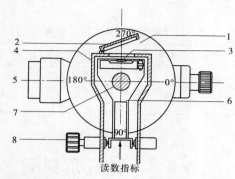

1—竖盘;2—竖盘指标水准管反光镜;3—竖盘指标水准管;4—竖盘指标水准管校正螺丝;
5—望远镜视准轴;6—竖盘指标水准管支架;7—横轴;8—竖盘指标水准管微动螺旋

图 4-9　竖盘结构

数在减少,因此盘左的竖直角计算公式为

$$\alpha_{左} = 90° - L \tag{4-8}$$

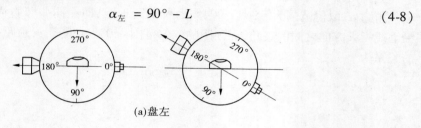

(a)盘左

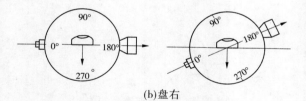

(b)盘右

图 4-10　竖直角的计算

同理,在图 4-10(b)中,盘右位置视线水平时的竖盘读数为 270°,当抬高望远镜时竖盘的读数逐渐增加,因此盘右的竖直角计算公式为

$$\alpha_{右} = R - 270° \tag{4-9}$$

式中,L、R 分别为盘左、盘右照准目标时的竖盘读数。则一测回的竖直角计算公式为

$$\alpha = (\alpha_{左} + \alpha_{右})/2 \tag{4-10}$$

或

$$\alpha = (R - L - 180°)/2 \tag{4-11}$$

4.4.4　竖盘指标差

上述所示竖直角计算是一种理想的情况,即当视线水平,竖盘指标水准管气泡居中时,竖盘读数为 90°或 270°,但实际上读数指标往往并不是恰好指在 90°或 270°位置上,而与 90°或 270°相差一个小角度 x,我们把 x 这个小角度称为竖盘指标差,如图 4-11 所示。竖盘指标的偏移方向与竖盘注记增加方向一致时,x 值为正;反之为负。由于指标差 x 的

存在,使得盘左、盘右读得的 L、R 均大了一个 x,则正确的竖直角 α 为

$$\alpha_{左} = 90° - (L - x) = 90° - L + x \tag{4-12}$$
$$\alpha_{右} = (R - x) - 270° = R - 270° - x \tag{4-13}$$

所以一测回的竖直角为

$$\alpha = (\alpha_{左} + \alpha_{右})/2 = (R - L - 180°)/2 \tag{4-14}$$

上列式中的 L、R 分别为盘左、盘右照准目标时的竖盘读数。式(4-14)说明了取盘左、盘右观测竖直角的平均值可以消除竖盘指标差的影响。将式(4-12)与式(4-13)相减,可得竖盘指标差的计算公式为

$$x = (L + R - 360°)/2 \tag{4-15}$$

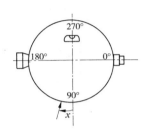
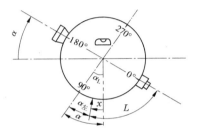

(a)盘左位置

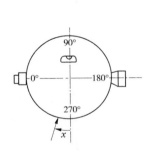
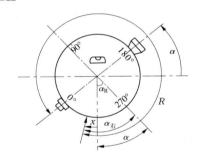

(b)盘右位置

图 4-11　竖盘指标差

对于同一台仪器在同一观测时段内,通常情况下指标差为一固定值。因此,指标差互差可以反映观测成果的质量。竖盘指标差 x 值对同一台仪器在某一段时间内连续观测的变化应该很小,可以视为定值。但由于仪器误差、观测误差及外界条件的影响,使计算出的竖盘指标差发生变化。通常规范规定了指标差变化的容许范围,如城市测量规范规定 DJ_6 型仪器观测竖直角竖盘指标差变化范围的限差为25″,同方向各测回竖直角互差的限差为25″,若超限,则应重测。

4.4.5　竖直角观测方法

DJ_6 型光学经纬仪常用中丝法观测竖直角,其观测步骤如下:

(1)在测站点安置仪器,对中、整平。

(2)望远镜盘左位置瞄准目标,用十字丝的中丝切于目标某一位置,如测钎或花杆顶

部或水准尺某一分划刻度线,转动竖盘水准管微动螺旋使竖盘水准管气泡居中,读取竖盘读数 L。

（3）望远镜盘右位置瞄准目标,用十字丝的中丝切于目标同一位置,转动竖盘水准管微动螺旋使竖盘水准管气泡居中,选取竖盘读数 R。

（4）根据竖盘注记形式以及竖直角和指标差的计算公式,数据记录格式计算结果见表4-4。

表4-4 竖直角观测手簿

测站	目标	竖盘位置	竖盘读数 (° ′ ″)	半测回竖直角 (° ′ ″)	指标差 (″)	一测回角值 (° ′ ″)
O	A	盘左	82 12 30	+7 47 30	−3	+7 47 27
		盘右	277 47 24	+7 47 24		
	B	盘左	110 30 12	−20 30 12	+3	−20 30 09
		盘右	249 29 54	−20 30 06		

任务 4.5 经纬仪的检验校正

4.5.1 经纬仪主要轴线间的关系

如图 4-12 所示,经纬仪的主要轴线有竖轴、横轴、望远镜视准轴和照准部水准管轴。为了保证测角的正确性,各轴线之间应该满足以下几何关系。照准部水准管轴 LL 应该垂直于竖轴 VV;十字丝竖丝应该垂直于横轴 HH;视准轴 CC 应该垂直于横轴 HH;横轴 HH 应该垂直于竖轴 VV;竖盘指标差 x 应为零;光学对中器的视准轴应该与竖轴重合。在使用经纬仪测角前需要检查仪器是否满足以上各几何关系,如果不满足则要进行仪器的校正。

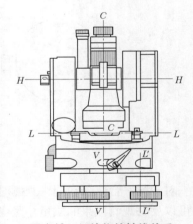

图 4-12 经纬仪的轴线关系

一般来讲,仪器轴线间的关系在仪器出厂时是保证的,但经过长途运输的震动和颠簸,轴线间关系可能会发生变动;同时仪器在使用过程中,轴线间的关系也会发生变动。因此,每期作业前,应对所用仪器进行检验与校正。

4.5.2 经纬仪的检验与校正

4.5.2.1 照准部水准管轴垂直于仪器竖轴的检验与校正

1. 检验

先将仪器粗平,再转动照准部使水准管平行于任意两脚螺旋的连线,转动这两个脚螺旋使气泡居中。然后将照准部旋转 180°,如果此时气泡仍居中,则说明水准管轴垂直于竖轴,否则应进行校正。

2. 校正

图 4-13(a)中,水准管轴不垂直于竖轴,当气泡居中时,水准管轴水平,竖轴却偏离铅垂线方向一个 α 角;当仪器绕竖轴旋转 180° 后,如图 4-13(b)所示,竖轴仍处于原来的位置,而水准管两端却交换了位置,这时水准管轴与水平线的夹角为 2α,气泡不再居中,其偏移量代表了水准管轴的倾斜角 2α。为了使水准管轴垂直于竖轴,只须校正一个 α 角。因此,用校正针拨动水准管校正螺丝,使气泡返回偏离格数的一半,如图 4-13(c)所示,此时水准管轴即垂直于竖轴。再转动脚螺旋使水准管气泡居中,如图 4-13(d)所示,此时水准管轴水平,竖轴也垂直。此项检校必须反复进行,直至水准管位于任何位置,气泡偏离零点均不超过半格。

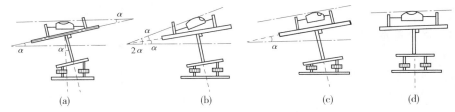

(a)　　　　　(b)　　　　　(c)　　　　　(d)

图 4-13　照准部水准管轴垂直于仪器竖轴的检验与校正

4.5.2.2　圆水准器轴平行于竖轴的检验与校正

1. 检验

检验的目的是检查圆水准器轴是否与仪器的竖轴平行。如果此项条件得不到满足,以后就无法使用圆水准器做粗略整平。检验的方法是:首先用已检校的照准部水准管,将仪器精确整平,此时再看圆水准器的气泡是否居中,如不居中,则需校正。

2. 校正

在仪器精确整平的条件下,用校正针直接拨动圆水准器底座下的校正螺丝使气泡居中,校正时注意校正螺丝应一松一紧。

4.5.2.3　视准轴垂直于横轴的检验与校正

如图 4-14 所示,视准轴不垂直于横轴,其偏离正确位置的角度 c 称为视准误差。它是由于十字丝交点的位置不正确而产生的。

1. 检验

整平仪器,盘左照准一个与仪器高度大致相同的远处目标 A,读取水平度盘的读数 L;再用盘右位置照准原目标并读取水平度盘读数 R,计算 c 值,即

$$c = [L + (R \pm 180°)]/2 \qquad (4\text{-}16)$$

当 c 的绝对值大于 $1'$ 时,则需校正。

2. 校正

校正通常在盘右位置进行,即不改变检验时的盘右位置,计算出盘右正确的水平度盘读数 $R_{正}$

$$R_{正} = R + c \qquad (4\text{-}17)$$

转动水平微动螺旋使水平度盘的读数为 $R_{正}$,此时十字丝交点已偏离目标点 A。取下

十字丝环的保护罩,调节十字丝环的左右两个校正螺丝,如图 4-15 所示,使十字丝交点重新照准目标点。检校应反复进行,直到 c 值不大于 1′。

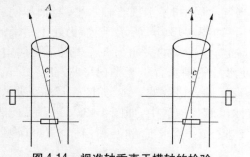

图 4-14　视准轴垂直于横轴的检验

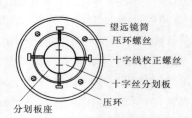

图 4-15　目镜座固定螺丝和
十字丝校正螺丝

4.5.2.4　横轴垂直于竖轴的检验与校正

1. 检验

如图 4-16 所示,在距高墙 20～30 m 处安置仪器,在墙上选一仰角大于 30°的目标点 P,先以盘左照准 P 点,然后将望远镜放平,在墙上定出一点 P_1;倒转望远镜以盘右位置再次照准 P 点,再将望远镜放平,在墙上又定出一点 P_2。如果 P_1 和 P_2 两点重合,表明仪器横轴垂直于竖轴,否则应进行校正。

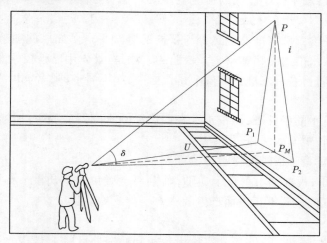

图 4-16　横轴垂直于竖轴的检验

2. 校正

在墙上定出 P_1P_2 的中点 P_M,转动水平微动螺旋使十字丝交点照准 P_M 点,然后抬高望远镜,此时十字丝交点必然偏离 P 点。打开支架处横轴一端的护盖,调整支承横轴的偏心轴环,抬高或降低横轴一端,直至十字丝交点照准 P 点。此项校正难度较大,通常由专业仪器检修人员进行。一般来讲,仪器在制造时此项条件是保证的,故通常情况下毋需检校。

4.5.2.5　十字丝竖丝垂直于横轴的检验与校正

1. 检验

仪器严格整平后,用十字丝竖丝的上端或下端精确照准一清晰目标点,旋紧水平制动螺旋和望远镜制动螺旋,再用望远镜微动螺旋使望远镜上下转动,若目标点始终在竖丝上移动,表明条件满足,否则就需要进行校正。

2. 校正

旋下目镜处的护盖,微微松开十字环的四个压环螺丝,转动十字丝环,直至望远镜上下移动时,目标点始终沿竖丝移动,最后将四个压环螺丝拧紧,旋上护盖。

4.5.2.6　光学对中器的检验与校正

光学对中器由物镜、分划板和目镜等组成。分划板刻划中心与物镜光学中心的连线是光学对中器的视准轴。光学对中器的视准轴由转向棱镜折射90°后,应与仪器的竖轴重合,如图4-17所示,否则将产生对中误差,影响测角精度。

安置仪器于平坦地面,严格整平仪器,在脚架中央的地面上固定一张白纸板,调节对中器目镜,使分划成像清晰,然后调节物镜看清地面上的白纸板。根据分划圈中心在白纸板上标记 A_1 点,转动照准部180°,按分划圈中心在白纸板上标记 A_2 点。若 A_1 与 A_2 两点重合,说明光学对中器的视准轴与竖轴重合,否则应进行校正,如图4-18所示。

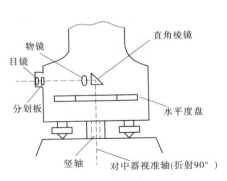

图 4-17　光学对中器结构

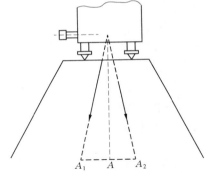

图 4-18　光学对中器检验

在白纸板上定出 A_1、A_2 两点连线的中点 A,调节对中器校正螺丝使分划圈中心对准 A 点。校正时应注意光学对中器上的校正螺丝随仪器类型而异,有些仪器是校正直角棱镜位置,有些仪器是校正分划板。光学对中器本身安装部位也有不同(基座或照准部),其校正方法有所不同。

4.5.2.7　竖盘指标差的检验与校正

1. 检验方法

仪器整平后,以盘左、盘右位置分别用十字丝交点瞄准一个明显目标,一测回测出竖直角,按竖盘指标差计算公式求得指标差。一般要观测另一明显目标验证上述求得指标差 x 是否正确,若两者相差很小,证明检验无误,对于 DJ_6 型经纬仪,x 值一般不超过 $\pm 60''$ 可不校正,否则应进行校正。

2. 校正方法

校正时一般以盘右位置进行,照准目标后获得盘右读数 R 及计算的竖盘指标差 x,则盘右位置竖盘正确读数为 $R-x$,转动竖盘水准管微动螺旋,使竖盘读数为正确值 R,这时竖盘水准管气泡肯定不再居中,用校正针拨动竖盘水准管校正螺丝,使气泡居中。此项检校需反复进行,直至竖盘指标差 x 为零或在限差要求以内。具有自动归零装置的仪器,竖盘指标差的检验方法与上述相同,但校正宜送仪器专门检修部门进行。

任务 4.6 经纬仪角度测量实训

4.6.1 目的

掌握测回法观测水平角的观测顺序、记录和计算方法。掌握方向法观测水平角的操作顺序及记录、计算方法。弄清归零、归零差、归零方向、$2c$ 变化值的概念以及各项限差的规定。

4.6.2 仪器工具

DJ$_6$ 型电子经纬仪、脚架、记录板、测钎。

4.6.3 步骤

4.6.3.1 测回法

在指定的地面点 O 安置仪器,对经纬仪进行对中、整平并进行度盘配置,并在测站周围安置 2 个标杆;一测回观测。盘左:瞄准左标杆 A,读取读数记 a_1;顺时针方向转动照准部,瞄准右标杆 B,读取读数记 b_1;计算上半测回角值 $\beta_{左}=b_1-a_1$。盘右:倒转望远镜变为盘右状态,瞄准右标杆 B,读取读数记 b_2;逆时针方向转动照准部,瞄准左目标 A,读取读数记 a_2;计算下半测回角值 $\beta_{右}=b_2-a_2$;检查上、下半测回角互差是否超限。计算一测回角值 $\beta=\dfrac{1}{2}(\beta_{左}+\beta_{右})$;计算测站测完毕后,当即检查各测回角值互差是否超限,计算平均角值。

4.6.3.2 方向法

在指定的地面点 O 安置仪器,对经纬仪进行对中、整平并进行度盘配置,并用粉笔在测站周围确定 3 个十字点作为观测对象,分别记为 A、B、C;盘左,瞄准起始方向目标读数,顺时针方向依次瞄准各方向目标读数,转回至起始方向仍瞄准目标读数,检查归零差是否超限;盘右,瞄准起始方向目标读数,逆时针方向依次瞄准各方向目标读数,转回至起始方向仍瞄准目标读数。检查归零差是否超限;计算同一方向两倍视准误差 $2c$ = 盘左读数 −(盘右读数 $\pm180°$),各方向的平均读数 $= 1/2$[盘左读数 +(盘右读数 $\pm180°$)],归零后的方向值;测完各测回后,计算各测回同一方向的平均值,并检查同一方向值各测回互差是否超限。

4.6.4 注意事项

测回法和方向法测角时的限差要求若超限,则应立即重测。

4.6.5 记录计算

记录计算表格见表 4-5、表 4-6。

表 4-5 测回法观测水平角记录

测回	竖盘位置	目标	水平度盘读数 (° ′ ″)	半测回角值 (° ′ ″)	较差 (″)	一测回值 (° ′ ″)
A	左	1				
		2				
	右	1				
		2				

表 4-6 方向观测法观测水平角记录

测站	目标	水平度盘读数		左 − 右 2c(″)	左 + 右 2 (″)	归零后方向值 (° ′ ″)	各测回平均方向值 (° ′ ″)
		盘左 (° ′ ″)	盘右 (° ′ ″)				
1							
2							

习题与作业

1. 水平角盘左盘右观测取平均值能消除哪些误差？
2. 经纬仪整平如何操作？
3. 简述测回法测单个水平角的操作方法及要求。

4. 请整理表4-7中测回法测水平角的记录。

5. 某次观测竖直角结果见表4-8,试求角值大小。(竖直角为顺时针注记)

表4-7　测回法观测水平角记录

测站	竖盘位置	目标	水平竖盘读数 (° ′ ″)	平测圆角值 (° ′ ″)	一测回水平角值 (° ′ ″)	各测回平均值 (° ′ ″)
	左	A	00　01　12			
		B	57　18　24			
	右	A	180　02　00			
		B	237　19　36			
	左	A	90　01　18			
		B	147　19　00			
	右	A	270　01　54			
		B	327　19　06			

表4-8　竖直角观测记录

测站	目标	竖盘位置	竖盘读数 (° ′ ″)	半测回角值 (° ′ ″)	指标差 (″)	一测回角值 (° ′ ″)
	A	左	101　20　18			
		右	258　44　36			
	B	左	73　24　42			
		右	286　35　06			

项目 5 距离测量

距离丈量是要确定地面上两点的水平距离。由于精度要求的不同,丈量时所使用的工具和方法也不同,现分述如下。

任务 5.1 钢尺量距

5.1.1 量距工具

钢尺又叫钢卷尺,长度有 20 m、30 m、50 m 等,其基本分划有厘米和毫米两种,厘米分划的钢尺在起始的 10 cm 内刻有毫米分划。由于尺上零点位置的不同,有端点尺和刻线尺之分,如图 5-1 所示。

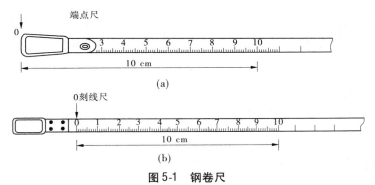

图 5-1 钢卷尺

钢尺量距的辅助工具有测钎、标杆、垂球等,如图 5-2 所示。

由于普通钢卷尺沾水易生锈,因此防水防锈钢卷尺将替代普通钢卷尺用于工程测量中。

5.1.2 直线定线

当地面两点之间的距离大于钢尺的一个尺段时,就需要在直线方向上标定若干分段点,以便于用钢尺分段丈量。直线定线的目的是使这些分段点在待量直线端点的连线上,其方法有以下两种。

5.1.2.1 目测定线

目测定线适用于钢尺量距的一般方法。如图 5-3 所示,设 A、B 两点互相通视,要在 A、B 两点的直线上标出分段点 1、2。先在 A、B 点上竖立标杆,甲站在 A 点标杆后约 1 m

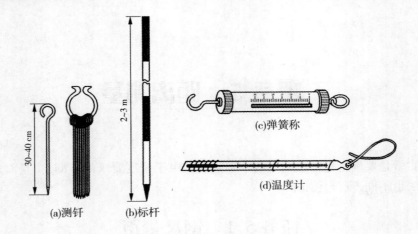

图5-2　辅助工具

处,指挥乙左右移动标杆,直到甲在 A 点沿标杆的同一侧看到 A、2、B 三支标杆成一条线。同法可以定出直线上的其他点。两点间定线,一般应由远及近,即先定 1 点,再定 2 点。定线时,乙所持标杆应竖直,利用食指和拇指夹住标杆的上部,稍微提起,利用重心使标杆自然竖直。此外,为了不挡住甲的视线,乙应持标杆站立在直线方向的左侧或右侧。

图5-3　经纬仪定线

目估定线的形式有:①两点间定线;②在直线延长线上定线;③过高地定线;④过山谷定线。

5.1.2.2　经纬仪定线

经纬仪定线是在直线的一个端点安置经纬仪后,对中、整平,用望远镜十字丝竖丝瞄准另一个端点目标,固定照准部。观测员指挥另一测量员持测钎由远及近,将测钎按十字丝纵丝位置垂直插入地下,即得到各分段点。

5.1.3　距离丈量

5.1.3.1　平坦地面的丈量方法

在钢尺一般量距中目估定线与尺段丈量可以同时进行,如图5-4所示。

丈量步骤如下:

(1)后尺手手持一测钎并持尺的零点端位于 A 点,前尺手携带一束测钎,同时手持尺的末端沿 AB 方向前进,到一整尺段处停下。

图 5-4　平坦地面的丈量方法

（2）由后尺手指挥,使钢尺位于 AB 方向线上,这时后尺手将尺的零点对准 A 点,两人同时用力将钢尺拉平,前尺手在尺的末端处插一测钎作为标记,确定分段点。

（3）然后,后尺手持测钎与前尺手一起抬尺前进,依次丈量第二、第三、…、第 n 个整尺段,到最后不足一整尺段时,后尺手以尺的零点对准测钎,前尺手用钢尺对准 B 点并读数 q,则 AB 两点之间的水平距离为

$$D = nl + q \tag{5-1}$$

式中　n——整尺段数;

　　　l——钢尺的整尺长度;

　　　q——不足一整尺段的余长。

上述由 A 到 B 的丈量工作称为往测,其结果称为 $D_{往}$。

（4）为防止错误和提高测量精度,需要往、返各丈量一次。同法,由 B 到 A 进行返测,得到 $D_{返}$。

（5）计算往、返测平均值。

（6）计算往、返丈量的相对误差 K。把往、返丈量所得距离的差数绝对值除以该距离的平均值,称为丈量的相对误差。如果相对误差满足精度要求,则将往、返测平均值作为最后的丈量结果。

$$K = \frac{\left| D_{往} - D_{返} \right|}{D_{平均}} = \frac{1}{D_{平均} / \left| D_{往} - D_{返} \right|} \tag{5-2}$$

相对误差 K 是衡量丈量结果精度的指标,常用一个分子为 1 的分数表示。相对误差的分母越大,说明量距的精度高。

【例5-1】　AB 的往测距离为 213.41 m,返测距离为 213.35 m,平均值为 213.38 m,计算相对误差。

$$K = \frac{\left| 213.41 - 213.35 \right|}{213.38} \approx \frac{1}{3\ 556}$$

在平坦地区,钢尺量距的相对误差一般不应大于 1/3 000。在量距较困难的地区,也不应大于 1/1 000。

5.1.3.2 倾斜地面的丈量方法

1. 平量法

在倾斜地面丈量距离,当尺段两端的高差不大但地面坡度变化不均匀时,一般都将钢尺拉平丈量。如图 5-5 所示,丈量由 A 向 B 进行,后尺手立于 A 点,指挥前尺手将尺拉在 AB 方向线上,后尺手将尺的零点对准 A 点,前尺手将尺子抬高并目估使尺子水平,然后用垂球将尺的某一刻划投于地面上,插以测钎。用此法进行丈量,从山坡上部向下坡方向丈量比较容易,因此丈量时两次均由高到低进行。

2. 斜量法

当倾斜地面的坡度比较均匀时,可以在斜坡丈量出 AB 的斜距 L,测出地面倾角 α,或 A、B 两点高差 h,如图 5-6 所示,然后可以计算出 AB 的水平距离 D

$$D = L\cos\alpha = \sqrt{L^2 - h^2} \qquad (5\text{-}3)$$

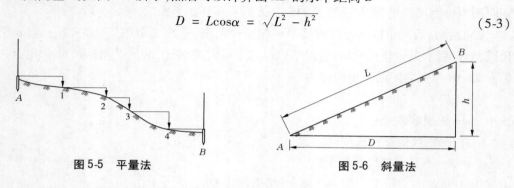

图 5-5　平量法　　　　　　　　图 5-6　斜量法

5.1.4　钢尺量距的误差来源及削减措施

5.1.4.1 尺长误差

如果钢尺的名义长度和实际长度不符,则产生尺长误差。尺长误差具有累积性,量的距离越长,误差就越大。因此,量距前必须对钢尺进行检定,以求得尺长改正值。

5.1.4.2 温度误差

钢尺受温度变化的影响,将产生线性胀缩,所以量距时,应测定钢尺的温度,进行温度改正。

5.1.4.3 定线误差

量距时若尺子偏离了直线方向,所量的距离不是直线而是一条折线,因此总的丈量结果将会偏大,这种误差叫作定线误差。为了减小这种误差的影响,对于精度要求较高的量距要用经纬仪来定线。

5.1.4.4 丈量误差

一般量距时,零刻度线没有对准地面标志,或者测钎没有对准尺子末端的刻度线;精密量距时,前、后司尺员对点不准确、没有同时读数或读数不准确,都会引起丈量误差。这种误差属于偶然误差,无法消除,只有通过丈量时严格操作来减弱它。

5.1.4.5 拉力误差

丈量时钢尺所受拉力应与检定时所受拉力相同,否则将会产生拉力误差,因此量距要用弹簧秤控制拉力。

5.1.4.6　钢尺的倾斜和垂曲误差

量距时,尺子没有拉平(水平法量距)或尺子中间下垂而成曲线时,将使量得的长度增大。因此,水平法量距时,必须注意使尺子水平,若钢尺悬空丈量,中间应有人托一下尺子,以减小钢尺垂曲的影响;对于精密量距,必要时可加入垂曲改正(可参阅其他教科书)。

任务 5.2　视距测量

视距测量是利用经纬仪望远镜中的视距丝(上、下丝)及视距标尺按几何光学原理进行测距的一种方法。视距测量不仅能测定地面两点间的水平距离,而且还能测定地面两点间的高差。视距测量的精度较低,一般认为最高精度只能达到 1/300,但由于操作简便,且能满足碎部测量的精度要求,所以广泛应用于地形测量中。

5.2.1　视线水平时的视距公式

如图 5-7 所示,欲测定 A、B 两点间的水平距离 D 及高差 h。将经纬仪安置在 A 点,照准 B 点上竖立的视距尺。当望远镜视线水平时,视线与视距尺面垂直。对光后视距尺成像在十字丝平面上,视距尺上 M 点和 N 点的像与视距丝 m 和 n 重合。即可以在视距尺上读取 M、N 两点的读数,其读数差用 l(l = 下丝读数 − 上丝读数)表示,称其为视距间隔。

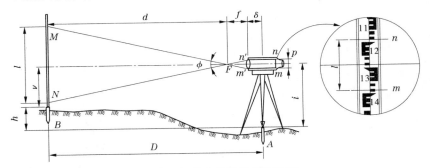

图 5-7　视线水平时的视距原理

设物镜焦点到视距尺之间的距离为 d,用 P 代表十字丝平面上两视距丝之间的固定间距,用 f 代表物镜焦距,由相似三角形 MNF 与 $m'n'F$ 中可得

$$\frac{MN}{m'n'} = \frac{d}{f}$$

故

$$d = \frac{MN \times f}{m'n'} = \frac{f}{p}l$$

仪器中心距物镜焦点的距离是 $\delta + f$,其中 δ 是仪器中心到物镜光心的距离,故仪器中心至视距尺的距离为

$$D = d + (\delta + f) = \frac{f}{p}l + (\delta + f)$$

用 k 代表 $\frac{f}{p}$，用 C 代表 $\delta + f$，则

$$D = kl + C \tag{5-4}$$

式（5-4）中的 k 称为视距乘常数，C 称为视距加常数。在仪器设计时，通过选择适当焦距的物镜和适当的视距丝间距，可使 $k = 100$。对于内对光望远镜来讲，$C \approx 0$，视距加常数 C 可忽略不计。于是视线水平时的视距公式成为

$$D = kl \tag{5-5}$$

如图 5-7 所示，当视线水平时，十字丝中丝在视距尺上的读数为 ν，设仪器高为 i，则测站点 A 到立尺点 B 间的高差为

$$h = i - \nu \tag{5-6}$$

5.2.2 视线倾斜时的视距公式

在地面倾斜较大的地区进行测量时，往往需要上仰或下俯望远镜才能看到视距尺，这时视线是倾斜的，它和视距尺不垂直，所以不能直接应用视线水平时的公式计算视距。

如图 5-8 所示，欲测 A、B 的水平距离，关键是要求出上下视距丝在标尺上截得的视距间隔 $M'N'$ 与视距丝在垂直于 B 点的标志上的视距间隔 MN 之间的关系。

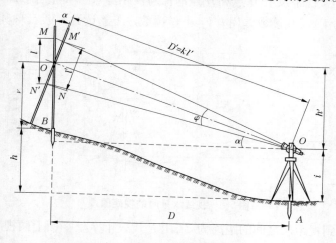

图 5-8 视线倾斜时的视距原理

由于图中 φ 值很小，约为 $34''$，因此可近似地认为 $\angle OM'M$ 和 $\angle ON'N$ 为直角，那么则有

$M'N' = OM' + ON' = OM\cos\alpha + ON\cos\alpha = MN\cos\alpha$。设 MN 为 l，则

$M'N' = MN\cos\alpha = l\cos\alpha$

将此式代入视线水平视距测量距离公式（5-5）可得倾斜距离 D' 为

$$D' = kl\cos\alpha \tag{5-7}$$

再将倾斜距离化为水平距离 D，即

$$D = D'\cos\alpha = kl\cos^2\alpha \qquad (5\text{-}8)$$

A、B 两点间的高差即为

$$h = D'\sin\alpha + i - \nu = kl\sin\alpha\cos\alpha + i - \nu = \frac{1}{2}kl\sin2\alpha + i - \nu \qquad (5\text{-}9)$$

或

$$h = D\tan\alpha + i - \nu \qquad (5\text{-}10)$$

5.2.3　视距测量的实施

视距测量的实施步骤如下：

（1）在被测点位上竖立视距尺。

（2）在测站点安置经纬仪，量取仪器高 i（量至厘米），盘左（视距测量只用盘左一个盘位）照准标尺。

（3）如果采用视线水平方法量距，将望远镜视线调平（指标水准管气泡居中且竖盘读数等于90°），依序读取下丝、上丝和中丝读数 ν（读至厘米），计算视距间隔 l，按式（5-8）、式（5-9）或式（5-10）计算水平距离 D（取至分米）及高差 h。

（4）如果采用视线倾斜方法量距，使望远镜照准标尺任一位置（保证上、下丝能读数），依序读取下丝、上丝和中丝读数 ν，调整指标水准管气泡居中，读取竖盘读数（读至分），计算视距间隔 l 和竖直角 α，然后按式（5-8）、式（5-9）或式（5-10）计算水平距离 D 及高差 h。

视距测量的算例见表5-1，表中所示为视线倾斜的视距测量。

表 5-1　视距测量记录、计算手簿

测站：A　　　　测站高程：26.58 m　　　　仪器高 $i = 1.45$ m　　　　指标差 $x = 0$

点号	kl（m）	中丝读数（m）	竖盘读数（° ′）	竖直角（° ′）	平距（m）	高差（m）
1	124.0	1.45	90　26	−0　34	124.0	−0.94
2	145.0	1.45	88　34	+1　26	144.9	+3.63
3	86.5	2.45	91　14	−1　14	86.5	−2.86
4	66.8	2.00	92　06	−2　06	66.7	−3.00

5.2.4　视距测量的误差来源及削减方法

5.2.4.1　仪器误差

一般认为视距乘常数 $k = 100$，但由于观测时温度和气压的变化或由于仪器制造工艺上的原因导致 k 值不一定恰好等于100，这将给视距带来系统性的影响。因此，测量前应

对视距乘常数 k 进行检验,采用检验后的常数值。

5.2.4.2 视距尺分划误差

视距尺上的分划不准确,将给视距带来误差。这项误差可通过检定来确定它的大小,尽可能选用合格的尺子。

5.2.4.3 读数误差

视距间隔是由上、下视距丝在标尺上的读数相减而求得的。由于视距丝本身具有一定的粗细,它将压盖标尺上一定宽度的分划,使读数产生误差,视距越远,误差也越大。为了减弱这项误差的影响,测量时应对最大视距做出控制;同时在观测时尽可能使上丝或下丝截取整分划值,以减小一次估读误差。

5.2.4.4 视距尺倾斜的误差

视距公式是在标尺竖直的情况下得到的,实际工作中,如果标尺没有扶直,将给视距带来误差,这种误差随着视线竖直角的增大而增大。实践表明,当距离为100 m,标尺倾斜2°,竖直角为5°时,所引起的距离误差将达到0.3 m。因此,为减弱此项误差的影响,立尺时应尽可能扶直,读取竖盘读数时一定要使指标水准管气泡严格居中。

5.2.4.5 外界条件的影响

外界条件对视距的影响是多方面的,如大气的垂直折光,使视线产生弯曲;温度的变化,会使仪器的 k 值发生变化;风力较大时会使仪器和标尺不稳定;尘雾弥漫使标尺看不清等。为减弱外界不利因素的影响,应选择有利观测时间;特别是折光的影响,越接近地面,影响越大,因此视线应离开地面一定的高度。

任务 5.3 直线定向

确定一条直线的方向称为直线定向。要确定直线的方向,首先必须选定一标准方向线。下面首先讨论标准方向,然后讨论直线定向的方法。

5.3.1 标准方向

测量工作中常用的标准方向有以下三种。

5.3.1.1 真子午线方向

如图5-9所示,地表任一点 P 与地球旋转轴所组成的平面和地球表面的交线称为 P 点的真子午线。真子午线在 P 点的切线方向称为 P 点的真子午线方向。真子午线方向可用天文观测的方法或采用陀螺经纬仪来测定。

5.3.1.2 磁子午线方向

如图5-9所示,地表任一点与地球磁场南北极连线所组成的平面与地球表面交线称为该点的磁子午线。磁子午线在该点的切线方向称为该点的磁子午线方向。磁子午线方向可以用罗盘仪来测定。

5.3.1.3　纵坐标线方向

平面直角坐标系或高斯平面直角坐标系中平行
于纵坐标轴的直线方向称为纵坐标线方向。过地面
上任一点在相应坐标系中的位置都可以作一条纵坐
标线。

一般情况下，通过地面同一点的真子午线方向、
磁子午线方向和纵坐标线方向是不一致的。真子午
线方向和磁子午线方向的夹角称为磁偏角，如图 5-9
所示的 δ_P；真子午线方向和纵坐标线方向的夹角称
为子午线收敛角；磁子午线方向和纵坐标线方向的
夹角称为磁坐偏角。

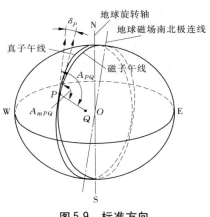

图 5-9　标准方向

5.3.2　直线方向的表示方法

测量中，常用方位角来表示直线的方向。方位
角定义为：由标准方向的北端起，顺时针方向旋至某直线所夹的水平角，称为该直线的方
位角。方位角的取值范围是 $0° \sim 360°$。

和标准方向相对应，地表任一直线都具有三种方位角：从真子午线方向的北端起，顺
时针旋至某直线所夹的水平角，称为该直线的真方位角，如图 5-9 所示，直线 PQ 的真方位
角为 A_{PQ}；从磁子午线方向的北端起，顺时针旋至某直线所夹的水平角，称为该直线的磁
方位角，如图 5-9 所示，直线 PQ 的磁方位角为 A_{mPQ}；从纵坐标线方向的北端起，顺时针旋
至某直线所夹的水平角，称为该直线的坐标方位角，直线 PQ 的坐标方位角以 α_{PQ} 表示。

5.3.3　坐标方位角和象限角

5.3.3.1　坐标方位角

普通测量中，应用最多的是坐标方位角。在以后的讨论中，若无特别说明，所提到的
方位角均指坐标方位角。

坐标方位角是以纵坐标线指北方向为准，顺时针方向旋至某直线的夹角，通常以 α
表示。

如图 5-10 所示，直线 AB 有两个方向，从 A 到 B 的方向为正方向，则从 B 到 A 的方向
为反方向，故直线 AB 有两个方位角 α_{AB} 和 α_{BA}，α_{AB} 称为正方位角，α_{BA} 称为反方位角。从
图 5-10 中可知，α_{AB} 与 α_{BA} 存在下述关系

$$\alpha_{BA} = \alpha_{AB} \pm 180° \tag{5-11}$$

应当指出，通过 A 点、B 点的真子午线是向两极收敛的，故直线 AB 的正、反真方位角
不存在上述关系。同样，直线 AB 的正、反磁发方位角也不存在上述关系。

5.3.3.2　象限角

直线与纵坐标线所夹的锐角，称为象限角，以 R 表示。直线的方向也可以用象限角来
表示。显然，象限角的变化范围是 $0° \sim 90°$。

如图 5-11 所示,通过直线起点 O 的纵坐标线和横坐标线将平面划分为四个象限。直线 OA,位于第 Ⅰ 象限,象限角是 R_1;直线 OB,位于第 Ⅱ 象限,象限角是 R_2;直线 OC,位于第 Ⅲ 象限,象限角是 R_3;直线 OD 位于第 Ⅳ 象限,象限角是 R_4。

用象限角表示直线的方向,必须注明直线所处的象限,第 Ⅰ 象限用"北东"表示,第 Ⅱ 象限用"南东"表示,第 Ⅲ 象限用"南西"表示,第 Ⅳ 象限用"北西"表示。例如,R_{AB} = 南东 $78°24'36''$,表示直线 AB 位于第 Ⅱ 象限,象限角是 $78°24'36''$。

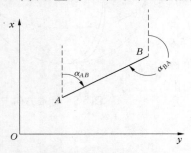

图 5-10　直线正、反坐标方位角

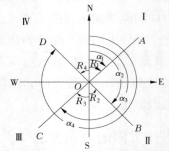

图 5-11　方位角与象限角的关系

5.3.3.3　直线的坐标方位角与象限角的关系

从图 5-11 中不难看出,直线的方位角与象限角存在下述关系,如表 5-2 所示。

表 5-2　直线的坐标方位角与象限角的关系

直线所在的象限	方位角与象限角的关系
Ⅰ	$R_1 = \alpha_1$
Ⅱ	$R_2 = 180° - \alpha_2$
Ⅲ	$R_3 = \alpha_3 - 180°$
Ⅳ	$R_4 = 360° - \alpha_4$

5.3.4　坐标方位角的推算

在实际工作中,常常根据已知边的方位角和观测的水平角来推算未知边的方位角。如图 5-12 所示,从 A 到 D 是一条折线,假定 α_{AB} 已知,在转折点 B、C 上分别设站观测了水平角 β_B、β_C,由于观测了推算路线左侧的角度,故称为左角。现在来推算 BC、CD 边的方位角。由图 5-12 中可以看出

$$\alpha_{BC} = \alpha_{AB} + 180° + \beta_B$$

$$\alpha_{CD} = \alpha_{BC} + 180° + \beta_C$$

一般公式(即左角公式)为

$$\alpha_{前} = \alpha_{后} + 180° + \beta_{左} \tag{5-12}$$

即前一边的方位角等于后一边的方位角加上 $180°$ 再加上观测的左角。

如果观测了推算路线右侧的角度,称为右角。不难得到用右角推算未知边方位角的公式为

$$\alpha_{前} = \alpha_{后} + 180° - \beta_{右} \tag{5-13}$$

即前一边的方位角等于后一边的方位角加上 $180°$ 减去观测的右角。

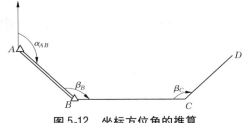

图 5-12　坐标方位角的推算

在式(5-12)、式(5-13)中,若算得的方位角超过 360°,则应减去 360°。

5.3.5　用罗盘仪测定磁方位角

罗盘仪的构造如图 5-13(a)所示,罗盘仪的刻度盘如图 5-13(b)所示。

欲测定直线 AB 的磁方位角,如图 5-14 所示,将罗盘仪安置在直线起点 A 上,挂上垂球对中,松开接头螺旋,用手前、后、左、右转动刻度盘,使水准器气泡居中,拧紧接头螺旋;松开磁针固定螺旋,让它自由转动,然后转动罗盘,用望远镜照准 B 点标志,待磁针静止后,磁针北端所指的度盘分划读数,即为 AB 边的磁方位角值。使用罗盘时,应注意避开高压电线和避免铁质物体接近罗盘,在测量结束后,要旋紧固定螺旋将磁针固定。

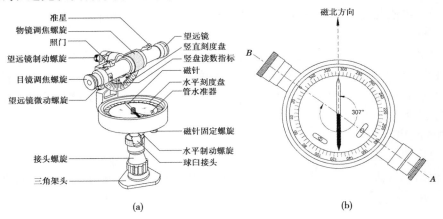

(a)　　　　　　　　　　　　　　　(b)

图 5-13　罗盘仪

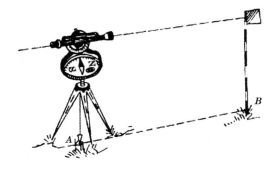

图 5-14　罗盘仪测定直线磁方位角

任务 5.4 钢尺一般量距实训

5.4.1 目的

学会直线定线,掌握用钢尺丈量距离的一般方法。

5.4.2 仪器工具

钢尺 1 支,皮尺 1 支,标杆 3 支,记录本。

5.4.3 步骤

(1)在大操场上根据地形的高低,选择有代表性的相距 $50 \sim 100$ m 的两个点 A、B(要求有一定的高差),并做好记号,这样构成一条直线 AB。

(2)设 A 点为起点,B 点为终点,分别竖立标杆。

(3)在 A 点后 2 m 左右有一人甲,用眼瞄准 AB 两点的标杆,有一人乙在距离 B 点大约 30 m 以内,在甲的指挥下左右移动标杆,使之在 AB 直线上,作为定点号 1 点,然后在地面做好记号,再依此类推,做出 2 点、3 点、…,直到可以用尺子进行一尺长的丈量,这样直线定线就完成了。

(4)从 A 点出发,一人拿尺的终点为前尺手,在前边,一人拿尺的零点为后尺手,在 A 点处,一起拉直、拉平,确定 30 m 的终点位置,做好记号作为第一尺长,进行 3 次读数,长度为 p,再一起往前走,直到后尺手到记号的位置再进行第二尺长的丈量,依此类推,得出 n 个整尺长,最后量出零尺段的长度 $q_{往}$。完成往测的距离丈量,根据公式:$D_{往} = np + q_{往}$ 得出往测的距离。

(5)再以 B 点为后,A 点为前,进行返测,根据 $D_{返} = np + q_{返}$ 得出 $D_{返}$。

(6)根据钢尺丈量距离的相对误差 $K \leqslant 1/3\,000R$ 标准,确定测量结果的可行性,然后再取其平均值为该段距离的长度。

5.4.4 注意事项

(1)爱护仪器工具。

(2)要正确进行仪器操作,尤其是要做到尺子的直、平、准要求。

(3)要仔细读数,防止"四错"的产生;要耐心细致地进行成果的计算。

5.4.5 记录计算

进行距离丈量成果计算结果,完成实习报告(见表 5-3)。

表 5-3 钢尺量距记录计算

天气：   前司尺员：   后司尺员：   记录员：   日期：

线段编号	尺段编号	实测次数	前尺读数（m）	后尺读数（m）	尺段长度（m）	尺段距离 d'（m）	线段距离 D（m）
A—B 往测	A—1	1					
		2					
		3					
		平均					
	1—2	1					
		2					
		3					
		平均					
	2—3	1					
		2					
		3					
		平均					
	3—B	1					
		2					
		3					
		平均					
B—A 返测	B—3	1					
		2					
		3					
		平均					
	3—2	1					
		2					
		3					
		平均					
	2—1	1					
		2					
		3					
		平均					
	1—A	1					
		2					
		3					
		平均					

任务 5.5 视距测量实训

5.5.1 目的

学会视距测量的观测、记录和计算。

5.5.2 仪器工具

经纬仪 1 台,水准尺 1 根,小钢尺 1 把,记录板 1 块。

5.5.3 步骤

(1)在测站上安置经纬仪,对中、整平后,量取仪器高 i(精确到厘米),设测站点地面高程为 H。

(2)选择若干个地形点,在每个点上立水准尺,读取上、下丝读数,中丝读数 ν(可取与仪器高相等,即 $\nu = i$),竖盘读数 L,并分别记入视距测量手簿。竖盘读数时,竖盘指标水准管气泡应居中。

(3)用公式 $D = = kl\sin^2 L$ 及 $h = D/\tan L + i - \nu$ 计算平距和高差。

用公式 $H_i = H_0 + D/\tan L + i - \nu$ 计算高程。

5.5.4 注意事项

(1)视距测量前应校正竖盘指标差。

(2)标尺应严格竖直。

(3)仪器高度、中丝读数和高差计算精确到厘米,平距精确到分米。

(4)一般用上丝对准尺上整米读数,读取下丝在尺上的读数,心算出视距。

5.5.5 记录计算

进行视距计算,完成实习报告(见表 5-4)。

表 5-4 视距测量记录

测站名称: 测站高程: 仪器高:

点号	视距读数		视距 (m)	中丝读数 (m)	竖盘读数 (° ′ ″)	平距 (m)	高差 (m)	高程 (m)
	上丝	下丝						

习题与作业

1. 什么叫直线定线？直线定线的目的是什么？有哪些方法？如何进行？

2. 简述用钢尺在平坦地面量距的步骤。

3. 钢尺量距时有哪些主要误差？如何消除和减小这些误差？

4. 某直线用一般方法往测丈量为 125.092 m，返测丈量为 125.105 m，该直线的距离为多少？其精度如何？

5. 某钢尺的名义长度为 30 m，在标准温度、标准拉力、高差为零的情况下，检定其长度为 29.992 5 m，用此钢尺在 25 ℃条件下丈量一段坡度均匀、长度为 165.455 0 m 的距离。丈量时的拉力与钢尺检定时的拉力相同，并测得该段距离的两端点高差为 1.5 m，试求其正确的水平距离。

6. 直线定向的目的是什么？它与直线定线有何区别？

7. 标准方向有哪几种？它们之间有什么关系？

8. 设直线 AB 的坐标方位角 $\alpha_{AB} = 223°10'$，直线 BC 的坐标象限角为南偏东 $50°25'$，试求小夹角 $\angle CBA$，并绘图示意。

9. 直线 AB 的坐标方位角 $a_{AB} = 106°38'$，求它的反方位角及象限角，并绘图示意。

项目 6   全站仪的使用

随着测量技术的发展,在建筑工程测量中,使用全站仪进行坐标放样,轴线测设已成为主力。高效、高精度的测量方法逐渐取代了传统的测量方法。

任务 6.1   全站仪及其基本操作

6.1.1   概述

全站仪又称全站型电子速测仪,是一种可以同时进行角度测量和距离测量,由机械、光学、电子元件组合而成的测量仪器。全站仪是由电子测距仪、电子经纬仪和电子记录装置三部分组成的。从结构上分,全站仪可分为组合式和整体式两种。整体式全站仪是在一个仪器内装配测距、测角和电子记录三部分。测距和测角共用一个光学望远镜,方向和距离测量只需一次照准,使用十分方便。

全站仪的电子记录装置是由存储器、微处理器、输入和输出部分组成的。由微处理器对获取的斜距、水平角、竖直角等信息进行处理,可以获得各种改正后的数据。在只读存储器中固化了一些常用的测量程序,如坐标测量、导线测量、放样测量等,只要进入相应的测量程序模式,输入已知数据,便可依据程序进行测量过程,获取观测数据。通过输入、输出设备,可以与计算机交互通信,将测量数据直接传输给计算机,在软件的支持下,进行计算、编辑和绘图。

全站仪的应用可归纳为四个方面:一是在地形测量中,可将控制测量和碎部测量同时进行;二是可用于施工放样测量,将设计好的管线、道路、工程建设中的建筑物、构筑物等的位置按图纸设计数据测设到地面上;三是可用全站仪进行导线测量、前方交会、后方交会等,不但操作简便且速度快、精度高;四是通过数据输入/输出接口设备,将全站仪与计算机、绘图仪连接在一起,形成一套完整的测绘系统,从而大大提高测绘工作的质量和效率。

6.1.2   全站仪的基本结构及功能

NTS – 370 全站仪各部件名称见图 6-1。

6.1.2.1   操作键

操作板面(见图 6-2)上各按键名称及功能如表 6-1 所示;显示符号及内容如表 6-2 所示。

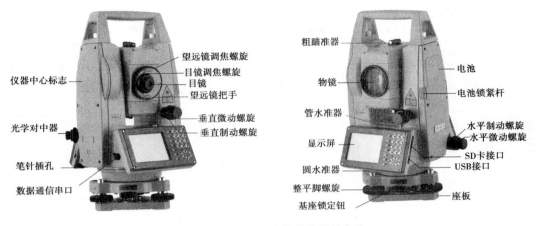

图 6-1 NTS-370 全站仪各部件名称

左侧标注：仪器中心标志、光学对中器、笔针插孔、数据通信串口、望远镜调焦螺旋、目镜调焦螺旋、目镜、望远镜把手、垂直微动螺旋、垂直制动螺旋

右侧标注：粗瞄准器、物镜、管水准器、显示屏、圆水准器、整平脚螺旋、基座锁定钮、电池、电池锁紧杆、水平制动螺旋、水平微动螺旋、SD卡接口、USB接口、座板

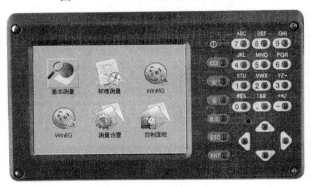

图 6-2 NTS-370 全站仪的操作面板

表 6-1 按键名称及功能

按键	名称	功能
⏻	电源键	控制电源的开/关
0~9	数字键	输入数字,用于欲置数值
A~/	字母键	输入字母
⊡	输入面板键	显示输入面板
★	星键	用于仪器若干常用功能的操作
@	字母切换键	切换到字母输入模式
B.S	后退键	输入数字或字母时,光标向左删除一位
ESC	退出键	退回到前一个显示屏或前一个模式
ENT	回车键	数据输入结束并认可时按此键
◆	光标键	上下左右移动光标

6.1.2.2 功能键

表 6-2　功能键的功能

模式	显示	软键	功能
测角	置零	1	水平角置零
	置角	2	预置一个水平角
	锁角	3	水平角锁定
	复测	4	水平角重复测量
	V%	5	竖直角/百分度的转换
	左/右角	6	水平角左角/右角的转换
测距	模式	1	设置单次精测/N 次精测/连续精测/跟踪测量模式
	m/ft	2	距离单位米/国际英尺/美国英尺的转换
	放样	3	放样测量模式
	悬高	4	启动悬高测量功能
	对边	5	启动对边测量功能
	线高	6	启动线高测量功能
坐标	模式	1	设置单次精测/N 次精测/连续精测/跟踪测量模式
	设站	2	预置仪器测站点坐标
	后视	3	预置后视点坐标
	设置	4	预置仪器高度和目标高度
	导线	5	启动导线测量功能
	偏心	6	启动偏心测量(角度偏心/距离偏心/圆柱偏心/屏幕偏心)功能

任务 6.2　全站仪测量操作

6.2.1　测量前的准备

6.2.1.1　仪器开箱和存放

1. 开箱

轻轻地放下箱子,让其盖朝上,打开箱子的锁栓,开箱盖,取出仪器。

2. 存放

盖好望远镜镜盖,使照准部的垂直制动手轮和基座的水准器朝上,将仪器平卧(望远镜物镜端朝下)放入箱中,轻轻旋紧垂直制动手轮,盖好箱盖,并关上锁栓。

6.2.1.2　安置仪器

(1)架设三角架。

（2）安置仪器和对点。

（3）利用圆水准器粗平仪器。

（4）利用管水准器精平仪器。

（5）精确对中与整平,此项操作重复至仪器精确对准测站点。

6.2.1.3　电池电量信息

注意外业测量出发前先检查一下电池状况。观测模式改变时电池电量图表不一定会立刻显示电量的减小或增加。电池电量指示系统是用来显示电池电量的总体情况,它不能反映瞬间电池电量的变化。

6.2.1.4　角度检查

全站仪的竖直角和水平角以及测距系统的常规检查;确保全站仪测量数据的可靠性。

6.2.2　角度测量

6.2.2.1　测角参数设置

角度测量的主要误差是仪器的三轴误差(视准轴、水平轴、垂直轴),对观测数据的改正可按设置由仪器自动完成。

（1）视准轴改正。仪器的视准轴和水平轴误差采用正、倒镜观测可以消除,也可由仪器检验后通过内置程序计算改正数自动加入改正。

（2）双轴倾斜补偿改正。仪器垂直轴倾斜误差对测量角度的影响可由仪器补偿器检测后通过内置程序计算改正数自动加入改正。

（3）曲率与折射改正。地球曲率与大气折射改正,可设置改正系数,通过内置程序计算改正数自动加入改正。

6.2.2.2　角度测量

角度测量是测定测站点至两个目标点之间的水平夹角,同时可以测定相应目标的天顶距。观测方法与电子经纬仪相同。

6.2.2.3　水平角重复测量

该程序用于累计角度重复观测值,显示角度总和以及全部观测角的平均值,同时记录观测次数。

如图6-3所示,其操作步骤为:

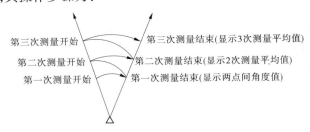

第三次测量开始　第三次测量结束(显示3次测量平均值)

第二次测量开始　第二次测量结束(显示2次测量平均值)

第一次测量开始　第一次测量结束(显示两点间角度值)

图6-3　水平角重复测量

（1）按"复测"键,进入角度复测功能。

（2）瞄准第 1 个目标 A。

（3）按"置零"键，将水平角置零。

（4）用水平制动螺旋和微动螺旋照准第 2 个目标点 B。

（5）按"锁定"键。

（6）用水平制动螺旋和微动螺旋重新照准第 1 个目标 A。

（7）按"解锁"键。

（8）用水平制动螺旋和微动螺旋重新照准第 2 个目标 B。

（9）按"锁定"键。屏幕显示角度总和与平均角度。

（10）根据需要重复步骤（6）~（9），进行角度复测。

6.2.3　距离测量

距离测量必须选用与全站仪配套的合作目标，即反光棱镜。由于电子测距仪器中心到棱镜中心的倾斜距离，因此仪器站和棱镜站均需要精确对中、整平。在距离测量前应进行气象改正、棱镜类型选择、棱镜常数改正、测距模式的设置和测距回光信号的检查，然后才能进行距离测量。仪器的各项改正是按设置仪器参数，经微处理器对原始观测数据计算并改正后，显示观测数据和计算数据的。只有合理设置仪器参数，才能得到高精度的观测成果。

6.2.3.1　大气改正的计算

大气改正值是由大气温度、大气压力、海拔、空气湿度推算出来的。改正值与空气中的气压或温度有关。计算方式如下（单位:m）:

$$PPM = 273.8 - \frac{0.290\,0 \times 气压值(hPa)}{1 + 0.003\,66 \times 温度值(℃)}$$

若使用的气压单位是 mmHg，按:1 hPa = 0.75 mmHg 进行换算。

南方 NTS–370 系列全站仪标准气象条件（仪器气象改正值为 0 时的气象条件）:

气压:1 013 hPa

温度:20 ℃

因此，在不考虑大气改正时，可将 PPM 值设为零。

操作步骤:

（1）在全站仪功能主菜单界面中按"测量设置"，在系统设置菜单栏单击"气象参数"。

（2）屏幕显示当前使用的气象参数。用笔针将光标移到需设置的参数栏，输入新的数据。例如温度设置为 26 ℃。

（3）按照同样的方法，输入气压值。设置完毕，按"保存"键。

（4）按"OK"键，设置被保存，系统根据输入的温度值和气压值计算出 PPM 值。

当然也可直接输入大气改正值，其步骤为:

（1）在全站仪功能主菜单界面中按"测量设置"，在系统设置菜单栏按"气象参数"。

（2）清除已有的 PPM 值，输入新值。

（3）按"保存"键。

注：在星（★）键模式下也可以设置大气改正值。

6.2.3.2 大气折光和地球曲率改正

仪器在进行平距测量和高差测量时，可对大气折光和地球曲率的影响进行自动改正。

注：南方 NTS – 370 全站仪的大气折光系数出厂时已设置为 $K = 0.14$。K 值有 0.14 和 0.2 可选，也可选择关闭。

6.2.3.3 设置目标类型

南方 NTS – 370 全站仪可设置为红色激光测距和不可见光红外测距，可选用的反射体有棱镜、无棱镜及反射片。用户可根据作业需要自行设置。使用时所用的棱镜需与棱镜常数匹配。当用棱镜作为反射体时，需在测量前设置好棱镜常数。一旦设置了棱镜常数，关机后该常数将被保存。

6.2.3.4 距离测量（连续测量）

操作步骤如下：

（1）在角度测量模式下照准棱镜中心。

（2）按"测距"键进入距离测量模式。系统根据上次设置的测距模式开始测量。

（3）按"模式"键进入测距模式设置功能，这里以"连续精测"为例。

（4）显示测量结果，如图6-4所示。

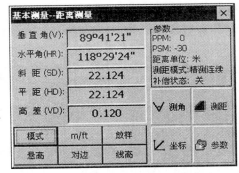

注：图中垂直角应为竖直角，后同。

图6-4 距离测量界面

6.2.4 坐标测量

设置好测站点（仪器位置）相对于原点的坐标后，仪器便可求出显示未知点（棱镜位置）的坐标，如图6-5所示。

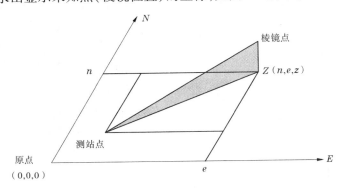

图6-5 坐标测量

操作步骤如下：

（1）设置测站坐标和仪器高/棱镜高。

（2）设置后视方位角。

（3）按"坐标"键。测量结束，如图6-6显示结果。

6.2.5 放样测量

该功能可显示测量的距离与预置距离之差。显示值 = 观测值 − 标准（预置）距离。可进行各种距离测量模式如斜距、平距或高差的放样 。

操作步骤如下：

（1）在距离测量模式下，按"放样"键。

（2）选择待放样的距离测量模式（斜距/平距/高差），输入待放样的数据后，按"确定"键或按"ENT"键。

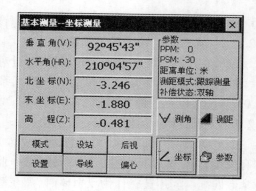

图 6-6　坐标测量界面

（3）开始放样，使得实测的值与欲放样的理论值相一致。

任务 6.3　程序测量

6.3.1　悬高测量

该程序用于测定遥测目标相对于棱镜的垂直距离（高度）及其离开地面的高度（无需棱镜的高度）。使用棱镜高时，悬高测量以棱镜作为基点，不使用棱镜时则以测定垂直角的地面点作为基点，上述两种情况下基准点均位于目标点的铅垂线上。

操作步骤如下：

（1）在距离测量模式下，按"悬高"键进入悬高测量功能。

（2）输入棱镜高，照准目标棱镜中心 P。

（3）按"测距"键，显示仪器至棱镜之间的水平距离（平距）。

（4）按"继续"键，棱镜位置即被确定。

（5）照准目标 K，如图 6-7 显示垂直距离（高差）。

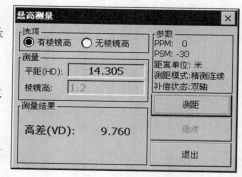

图 6-7　悬高测量界面

6.3.2　对边测量

可测量两个棱镜之间的水平距离（d_{HD}）、斜距（d_{SD}）和高差（d_{VD}）。对边测量模式具有两个功能，如图 6-8 和图 6-9 所示。

（1）（$A—B,A—C$）：测量 $A—B,A—C,A—D$……

（2）（$A—B,B—C$）：测量 $A—B,B—C,C—D$……

操作步骤如下：

（1）在距离测量模式下，按"对边"键进入对边测量功能。

（2）选择 $A—B,A—C$。

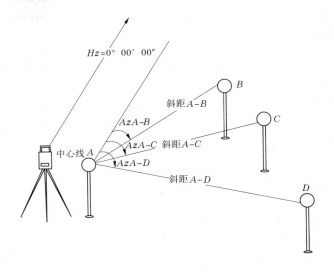

图 6-8　对边测量 A

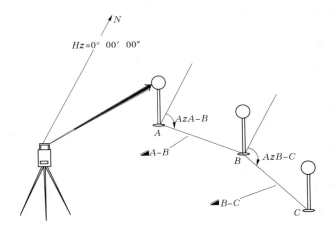

图 6-9　对边测量 B

（3）照准棱镜 A，按"测距"键，显示仪器和棱镜 A 之间的平距。

（4）按"继续"键，照准棱镜 B，按"测距"键。

（5）按"继续"键，显示棱镜 A 与棱镜 B 之间的平距（d_{HD}）、高差（d_{VD}）和斜距（d_{SD}）。

（6）要测定 A 与 C 两点之间的距离，可照准棱镜 C，再按"测距"键。测量结束，显示仪器至棱镜 C 的水平距离（平距）。

（7）按"继续"键，显示棱镜 A 与棱镜 C 之间的平距（d_{HD}）、高差（d_{VD}）和斜距（d_{SD}）。

注：（A—B，B—C）的观测步骤与（A—B，A—C）完全相同，在这就不详细介绍。

6.3.3 偏心测量

偏心测量共有四种模式:①角度偏心测量;②距离偏心测量;③平面偏心测量;④圆柱偏心测量。下面以角度偏心测量为例进行介绍。

当棱镜直接架设有困难时,此模式是十分有用的,如在树木的中心。在这种模式下,仪器到点 P(棱镜点)的平距应与仪器到目标点的平距相同。在设置好仪器高/棱镜高后进行偏心测量,即可得到被测物中心位置的坐标。

如图 6-10 所示:(1)当测量 A_0 的投影(地面点 A_1 的坐标)时,设置仪器高、棱镜高。

(2)当测量 A_0 点的坐标时,只设置仪器高(棱镜高设置为0)。

角度偏心测量模式中,垂直角有两种设置方法:

(1)自由垂直角:垂直角随望远镜的上下转动而变化。

(2)锁定垂直角:垂直角被锁定,不会因望远镜的转动而变化。

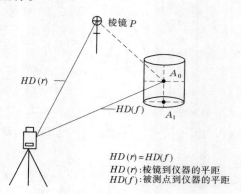

$$HD(r) = HD(f)$$
$HD(r)$:棱镜到仪器的平距
$HD(f)$:被测点到仪器的平距

图 6-10 偏心测量

因此,若用第一种方法照准 A_0,垂直角随望远镜的上下转动而变化,斜距(SD)和高差(VD)也将会改变;若用第二种方法照准 A_0,垂直角被锁定到棱镜位置,不会因望远镜的转动而变化。

操作步骤如下:

(1)按"偏心"键,在弹出的对话框中按"角度偏心"键,进入角度偏心测量。

(2)选择"自由垂直角"(或"锁定垂直角")开始角度偏心测量。(用户可根据作业需要选择垂直角设置方式)

(3)照准棱镜 P,按"测量"键进行测量;用水平制动和微动螺旋照准目标点 A_0。

(4)按"继续"键,如图 6-11 所示显示仪器到 A_0 点的斜距、平距、高差及坐标。

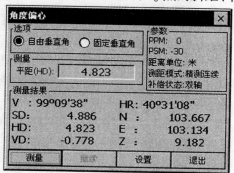

图 6-11 偏心测量界面

不同的仪器,程序测量有所不同。总之,程序测量为我们测量的应用提供了快速、简便的测量方法,提高了工作效率。

任务 6.4　全站仪数据采集

6.4.1　设置采集参数

进行数据采集之前,应该进行全站仪的有关参数设置。常见的参数有温度、气压、气象改正数,仪器的加常数、乘常数、棱镜常数、测距模式等。对地形测量来说,则主要注意棱镜常数、测距模式、气象改正等方面的设置。同时,还应检查全站仪的内存空间的大小,删除无用的文件。如全部文件无用,可将内存初始化。对于已有的控制点(GPS 点、图根点)成果,应提前导入全站仪中,以供采集数据时调用。

根据测图需要,选择一已知点作为测站点,选择另一已知点作为后视,在测站点安置全站仪(对中、整平),并量取仪器高 i,并进行记录。输入采集数据文件名(可以地名或施测日期命名),下面以南方 NTS – 330R 为例讲述数据采集的操作步骤。

6.4.2　数据采集文件的选择

在菜单界面下按 F1(数据采集)键,进入图 6-12(a)的"选择文件"界面。这里选择的文件是作为保存碎部点测量数据与坐标数据的,如果要将本次测量的数据存入已有的测量文件,则按 F2(调用)键从已有测量文件列表中选择;输入文件名,如果输入的文件名与内存中已有的测量文件不重名,则新建该测量文件,按 ENT 键进入图 6-12(b)的"数据采集 1/2"菜单。

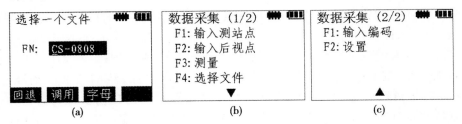

图 6-12　数据采集

6.4.3　设置测站点与后视点

6.4.3.1　输入测站点

在执行"输入测站点"命令前,应先选择测站点坐标所在的坐标文件,仪器允许测站点和后视点的坐标在内存中的任意坐标文件中,在图 6-12(b)界面下按 F4(选择文件)键进行设置。假设测站点在坐标文件 CS – 0810 中。下面的操作是将测站点设置为CS – 0810中的 ZD。

在图 6-12(b)的界面下按 F4(选择文件)键,在其后的操作中选择 CS – 0810 文件并返回图 6-12。按 F1(输入测站点)键,进入图 6-13(a)的测站点输入界面,按 F3(测站)

键,进入图 6-13(b)的界面,按 F2(调用)键进入图 6-13(c)的文件 CS-0810 点名列表界面,按▲键或▼键将光标移到 ZD 上,按 ENT 键,屏幕显示 ZD 点的坐标,如图 6-13(d)所示,按 F4(是)键,进入图 6-13(e)的界面,按▼键将光标移动到"编码"栏,它要求输入测站点的编码,可以按 F2(调用)键从编码库中选择一个编码,或按 F1(输入)键进入图 6-13(f)的界面,可以直接输入编码或按 F4(编码)键,进入图 6-13(g)界面,输入编码的序号。完成操作后光标移动到"仪高"栏,输入仪器高后按 F4(记录)键,进入图 6-13(h)界面,按 F4(是)键保存,即完成测站点设置操作。

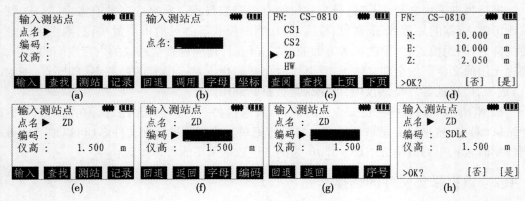

图 6-13　设置测站点

6.4.3.2　输入后视点

与执行"输入测站点"命令一样,执行"输入后视点"命令前,应先在图 6-13(b)的界面下按 F4(选择文件)键设置后视点坐标所在的文件,仪器允许测站点和后视点的坐标分别位于不同的坐标文件中。下面的操作是将后视点设置为 CS-0811 中的 JD21。

在图 6-13(b)的界面下按 F2(输入后视点)键,进入图 6-14(a)的后视点输入界面,按 F3(后视)键进入图 6-14(b)的界面,按 F2(调用)键进入图 6-14(c)的文件 CS-0811 点名列表界面,按▲键或▼键将光标移到 JD21 上,按 ENT 键,屏幕显示 ZD 点的坐标,如图 6-14(d)所示,按 F4(是)键,进入图 6-14(e)的照准界面,转动照准部瞄准后视点 JD21,按 F4(是)键,此时后视方位角计算好并且仪器水平角自动设置为方位角,进入图 6-14(f)的界面,可以输入后视点的编码和镜高,与测站点输入时一样。按 F4(测量)键,进入图 6-14(g)的界面,可以执行"角度""斜距""坐标"三个命令,执行任意一个命令会把测量结果保存到测量文件中,完成定向操作后屏幕返回图 6-12(b)界面。

如果不知道后视点的坐标,仅已知后视点的方位角,则在图 6-14(b)的界面下按 F4(坐标)键,在其后的界面中按 F4(角度)键后进入输入后视角度界面,输入已知方位角后按 ENT 键确认,转动照准部照准后视点,按 F4(是)键设置后视方位角。

6.4.4　数据采集

测量并保存碎部点的观测数据与坐标计算数据。在图 6-12(b)的界面下按 F3(测量)键,进入图 6-14(h)的界面。按 F1(输入)键,要求输入碎部点的点号、编码和镜高,转动照准部瞄准碎部点目标,按 F3(测量)键,仪器开始测量并显示碎部点的坐标测量结果,若测量模式为单次测量,则自动保存测量结果并返回图 6-14(h)所示界面,点号自动增加1。若测量模式为连续测量或跟踪测量,则需按 F4(记录)键保存测量结果,返回图 6-14(h)所示界面,此时再次测量时可以按 F4(同前)键进行测量。

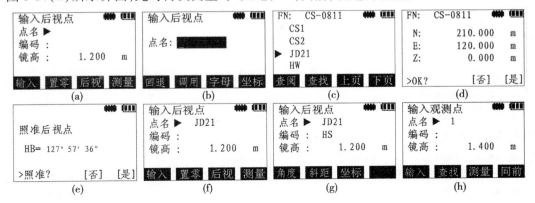

图 6-14　设置后视点

任务6.5　全站仪内存管理与数据通信

随着计算机在测量工作中的广泛应用,全站仪的内存也在增大,这样就省去了烦琐的记录工作,大大提高了工作效率,通过全站仪内存的测点数据可实现仪器与计算机之间的双向数据通信。下面以南方 NTS－330R 为例进行讲述。

6.5.1　存储管理

在菜单模式界面下按 F3(内存管理)键,进入图 6-15 的"内存管理"菜单,它有 1/3、2/3、3/3 三页菜单,按▲键、▼键可以循环切换。

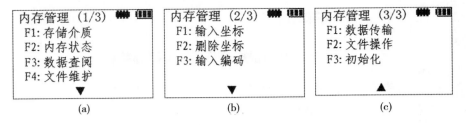

图 6-15　存储管理

6.5.1.1　存储介质

按 F1(存储介质)键,进入图 6-16 界面,按 F1 键选择存储内存为仪器内部自带的 FLASH;按 F2 键选择存储内存为外部 SD 卡,若仪器没插 SD 卡,则在 6-16 界面下方显示"没有 SD 卡!",屏幕退回到图 6-16(a)界面。

6.5.1.2　内存状态

按 F2(内存状态)键,进入图 6-16(b)界面,显示当前内存的总容量、已经使用的空间和未用的空间(内部存储容量为 2 020 kB)。

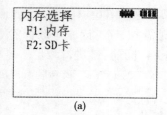

图 6-16　存储介质

6.5.1.3　数据查阅

按 F3(数据查阅)键,进入图 6-17(a)界面,可以在测量数据、坐标数据和编码数据中查找指定的数据。在测量数据与坐标数据中查找点的数据时,需选择文件。下面介绍查找坐标数据的操作方法,假设仪器内存中有名称为 CS-0810 的坐标文件。

在图 6-17(a)的菜单下,按 F2(坐标数据)键,进入图 6-17(b)的"选择文件"界面,可以直接输入文件名"CS-0810",也可以按 F2(调用)键,进入图 6-17(c)的内存坐标文件列表界面,按▲键、▼键选择需要的坐标文件,文件名左边的符号▶表示当前选择的坐标文件,按 F4(ENT)键,进入图 6-17(d)的"数据查找"界面,按 F1(第一个数据)键,屏幕显示文件 CS-0810 第一点的坐标,见图 6-17(e);按 F3(按点名查找)键,进入图 6-17(f)的输入查找点号界面,输入点号 8 后按 ENT 键,屏幕显示点号为 8 的点的坐标,见图 6-17(g)。

在图 6-17(a)所示的菜单下,按 F4(展点)键,或在图 6-17(e)界面下按 F4(展点)键,屏幕显示如图 6-17(h)所示,图中黑点表示点号为 1 的当前点,十字表示其他点。

在图 6-17(h)界面下各个按键的功能:

ANG 键,连线功能;⊿键,显示当前点的坐标;F1 键,当前点前移一个;F2 键,当前点后移一个;F3 键,缩小;F4 键,放大;◀键,右移;▶键,左移;▲键,下移;▼键,上移。

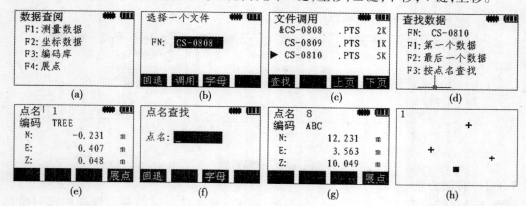

图 6-17　数据查阅

6.5.1.4　文件维护

对内存中的文件进行改名和删除操作。

按 F4(文件维护)键,进入图 6-18 的界面,显示文件列表,按▲键、▼键移动光标符号"▶"选择文件为当前文件,按 F1(改名)键位修改当前文件名,按 F2(删除)键为删除当前文件。

6.5.1.5 输入坐标

在指定坐标文件中添加输入的坐标,当输入的点号与文件中已有点重号时将覆盖已有坐标数据。

在"内存管理2/3"菜单下按F1(输入坐标)键,进入图6-19(a)的"选择一个文件"界面,它要求选择输入坐标存储的文件,完成后按ENT键进入图6-19(b)的"输入坐标数据"界面。输完点名和编码后按ENT键进入图6-19(c)的"输入坐标数据"界面,完成输入后按ENT键即将坐标存入坐标文件。

图6-18 文件维护界面

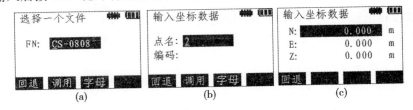

图6-19 输入坐标界面

6.5.1.6 输入编码

编码是为了数字测图软件从全站仪中读入野外采集的碎部点坐标并自动描绘地物时使用。

仪器在内存中开辟了一个区作为编码库用于保存最多500个编码数据,编号为001～500,该命令可以将编码输入编码库中指定的编号位置。每个编码最多允许10位,可以由字母、数字或其混合组成,编码的赋值可以由用户定义。例如为001号编码赋值"KZD"表示控制点,为002号编码赋值"FW"表示为房屋等。集中输入编码的目的是,在数据采集时,可以从编码库中调用某个编码作为碎部点的编码。可以在NTS_TRANS-FER.exe通信软件中编辑一个编码文件:①通过RS232口:在该软件中执行"通信/计算机→NTS310/350全站仪(定线数据或编码)"下拉菜单命令,将编码文件上传到仪器内存的编码库中;②通过USB口:在软件中执行"USB操作/转换成内存格式文件/*.txt→PCODE.LIB"下拉菜单命令,把转换后生成的PCODE.LIB直接复制到内存中,覆盖原来的文件。

6.5.2 数据传输

通过RS232通信口进行数据的发送和接收。

在"存储管理3/3"菜单下按F1(数据传输)键,进入图6-20(a)的"数据传输"菜单,下面介绍该菜单下的具体操作。

6.5.2.1 通信参数的设置

按F3(通信参数)键,进入图6-20(b)的通信参数菜单,可以设置波特率、字符校验和通信协议等。通信参数应与PC机上通信软件的参数设置一致。

6.5.2.2 发送数据

发送数据菜单如图6-20(c)所示,可以选择发送测量数据和坐标数据。

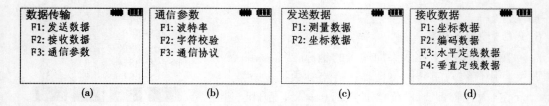

图 6-20 数据传输界面

6.5.2.3 接收数据

接收数据菜单如图 6-20(d)所示,可以选择接收坐标数据、编码数据、水平定线数据和垂直定线数据。

下面以接收坐标数据为例来说明数据传输,假设有一个 10 − 08 − 10 的坐标文件需上传到全站仪里,坐标格式必须是"点名,编码,E,N,Z",打开 10 − 08 − 10.txt,如图 6-21 所示。

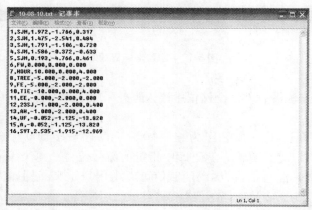

图 6-21 数据显示

在图 6-20(d)菜单下按 F1(坐标数据)键,进入"选择文件"界面,此时必须新建一个坐标文件来保存 PC 机将传输过来的坐标数据,输入文件名后进入图 6-22(a)的"接收坐标数据"界面,按 F4(是)键进入图 6-22(b)的等待数据界面。

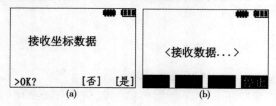

图 6-22 接收数据界面

运行 NTS_TRANSFER.exe,打开坐标文件"10 − 08 − 10",如图 6-23 所示,通信参数配置成和全站仪上一致。运行"通信/计算机→NTS − 310/350 全站仪(坐标)"下拉菜单命令,在弹出图 6-24 所示的确认提示框中单击"确定"按钮,开始逐行上传坐标数据。

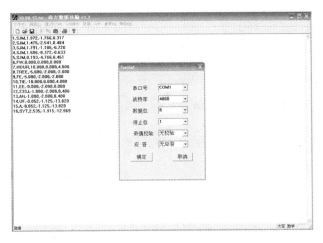

图 6-23 显示界面（一）

图 6-24 显示界面（二）

NTS－330R 系列全站仪还可以通过 USB 口传输文件，用 USB 数据线把全站仪和 PC 机连接后，在 PC 机上可以看到 TS－FLASH 和 TS－SD 两个盘符，TS－FLASH 是全站仪内部存储器，TS－SD 是 SD 卡。运行 NTS_TRANSFER. exe，如图 6-25 所示。

图 6-25 显示界面（三）

6.5.2.4 数据文件导出到 PC 机

全站仪内存中的文件有 5 种：∗. RAW 是测量数据文件，∗. PTS 是坐标数据文件，∗. HAL 是水平定线文件，∗. VCL 是垂直定线文件，∗. LIB 是编码文件。可以在图 6-25 中通过相应的操作打开需要的文件，然后保存到 PC 机。

6.5.2.5 把 PC 机上的文件导入到全站仪

全站仪内部的文件是以机器码存储的，所以必须把相应的文件转换成全站仪认识的格式，用图 6-26 所示的操作可以把数据转换成 ∗. PTS、∗. HAL、∗. VCL 和 PCODE. LIB 文件，然后复制到全站仪内存中。

图 6-26 显示界面（四）

6.5.3 文件操作

在"存储管理3/3"菜单下按 F2(文件操作)键,进入图 6-27(a)的"文件操作"菜单,按 F1 键可以把 SD 卡上的文件拷贝到内存中,按 F2 键把内存中的文件拷贝到 SD 卡中。

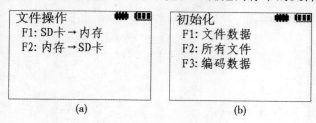

(a)   (b)

图 6-27　文件操作

6.5.4 初始化

初始化菜单如图 6-27(b)所示,按 F1(文件数据)键为清除全部坐标数据文件、测量数据文件和定线数据文件中的数据;按 F2(所有文件)键为清除所有文件;按 F3(编码数据)键为清除全部编码数据。无论选择何种初始化命令,测站点的坐标、仪器高和镜高不会被清除。

任务6.6　全站仪特点及使用注意事项

6.6.1 全站仪应用范围及特点

6.6.1.1 全站仪应用范围

全站仪的应用范围已不仅局限于测绘工程、建筑工程、交通与水利工程、地籍与房地产测量,而且在大型工业生产设备和构件的安装调试、船体设计施工、大桥水坝的变形观测、地质灾害监测及体育竞技等领域中都得到了广泛应用。

6.6.1.2 全站仪应用的特点

(1)在地形测量过程中,可以将控制测量和地形测量同时进行。

(2)在施工放样测量中,可以将设计好的管线、道路、工程建筑物的位置测设到地面上,实现三维坐标快速施工放样。

(3)在变形观测中,可以对建(构)筑物的变形、地质灾害等进行实时动态监测。

(4)在控制测量中,导线测量、前方交会、后方交会等程序功能,操作简单、速度快、精度高;其他程序测量功能方便、实用且应用广泛。

(5)在同一个测站点,可以完成全部测量的基本内容,包括角度测量、距离测量、高差测量,实现数据的存储和传输。

(6)通过传输设备,可以将全站仪与计算机、绘图机相连,形成内外一体的测绘系统,从而大大提高地形图测绘的质量和效率。

6.6.2 全站仪使用注意事项

为确保安全操作,避免造成人员伤害或财产损失,在全站仪操作过程中应注意如下几个方面。

6.6.2.1 一般情况

禁止在高粉尘、无通风、易燃物附近等环境下使用仪器,自行拆卸和重装仪器,用望远镜观察经棱镜或其他反光物体反射的阳光;禁止坐在仪器箱上或使用锁扣、背带、手提柄损坏的仪器箱;严禁直接用望远镜观测太阳;确保仪器提柄固定螺栓和三角基座制动控制杆紧固可靠。

6.6.2.2 电源系统

禁止使用电压不符的电源或受损的电线、插座等;严禁给电池加热或将电池扔入火中,用湿手插拔电源插头,以免爆炸伤人或造成触电事故;确保使用指定的充电器为电池充电。

6.6.2.3 三脚架

禁止将三脚架的脚尖对准他人,确保脚架的固定螺旋、三角基座制动控制杆和中心螺旋紧固可靠。

6.6.2.4 防尘防水

务必正确地关上电池护盖,套好数据输出和外接电源插口的护套;禁止电池护盖和插口进水或受潮,保持电池护盖和插口内部干燥、无尘;确保装箱前仪器和箱内干燥。

6.6.2.5 其他

严禁将仪器直接放置于地面上;防止仪器受强烈的冲击或振动;观测者不能远离仪器,务必在取出电池前关闭电源,仪器装箱前取出电池。

仪器长期不用时,至少每三个月通电检查一次,以防电路板受潮。为确保仪器的观测精度,应定期对仪器进行检验和校正。

任务 6.7 全站仪操作使用实训

6.7.1 目的

(1)掌握全站仪的常规设置和基本操作。
(2)熟悉一种全站仪的测距、测角、坐标测量等功能。

6.7.2 仪器工具

配备全站仪 1 台,棱镜 2 个,木桩 2 个,斧头 1 把,记录板 1 块,测伞 1 把。

6.7.3 步骤

6.7.3.1 开机

按(电源)键开机显示以前设置的温度和气压。上下转动望远镜进入基本测量状态

（绝对编码度盘不需此项操作）。

6.7.3.2 角度测量

角度测量是测定测站到两目标间的水平夹角,同时可测定相应视线的天顶距,设地面上有 A、B、C 三点,A 为测站点、测定角 $\angle BAC$ 的步骤为:

(1)在测站点安置仪器,开机进入基本测量模式。

(2)将仪器望远镜瞄准起始目标点 B。

(3)按"角度"键,全站仪显示角度测量菜单,将起始方向值置成零。

(4)将全站仪望远镜瞄准目标点 C,全站仪屏幕即显示所测角度。

(5)在水平角测量时可以将起始方向置成零,也可以将起始方向设置成所需的方向值,其方法是在照准第一目标后,在基本测量模式下按"角度"键,全站仪显示角度测量菜单,输入所需的方向值后按回车键即可。输入格式:例如角度值为 90°03′06″时,就输入90.030 6。

6.7.3.3 距离测量

在进行距离测量之前就应进行目标高输入、气象改正、棱镜类型设定、棱镜常数化值设定、测距模式设置并观察返回信号的大小,然后才能进行距离测量。

1.目标高输入和气象改正

(1)目标高输入。在基本测量状态下选第一项目标高,按相应数字键输入目标高。输入格式为:目标高为 1.230 m 时应输入 1.230,按回车键确认。

(2)气象改正。先测出当时的温度和气压值,然后输入到全站仪中,全站仪会自动计算大气改正值(也可以直接输入大气改正值),并对测距结果进行改正。

2.测距

用望远镜十字丝精确照准目标棱镜,按"测量"键,距离测量开始,经数秒即可测出距离并显示在屏幕上,屏幕上显示斜距、平距和高差。

全站仪的测距模式有精测模式、跟踪模式和粗测模式三种。精测模式是目前最常用的测距模式,最小显示单位 1 cm,测量时间约 2 s;跟踪模式常用于跟踪移动目标或放样时连续测距,最小显示单位 1 cm,测量时间约 0.2 s;粗测模式测量时间约 0.4 s,在距离测量或坐标测量时可采用不同的测距模式。

6.7.3.4 建站

1.已知点建站

已知点建站是将全站仪所在已知点的数据和后视点的数据输入全站仪(要求输入测站点点号、坐标、代码、仪器高),以便全站仪调用内部坐标测量和施工放样程序,进行坐标测量和施工放样。当全站仪在已知点上架设时必须选择第一进行建站,否则全站仪默认上一个已知点的数据,测出的坐标和放样数据都是错误的。

2.快速建站

选择快速项,是将全站仪架设在未知点上,默认 $X=0$、$Y=0$、$Z=0$;也可将全站仪架设在已知点上进行建站。对于后视可有可无,方位角也可假定,是一种独立坐系的建站方法。

3. 坐标测量

将全站仪所在已知点的数据和后视点的数据输入全站仪（要求输入测站点点号、坐标、代码、仪器高、棱镜高、棱镜常数、大气改正值或温度、气压值），以便全站仪调用内部坐标测量程序，进行坐标测量。

4. 坐标放样（XYZ）

选择坐标放样 XYZ 项，要求输入放样点点号。然后要求输入放样点 X、Y、Z 坐标。输入放样点 X、Y、Z 坐标后，当量测完成后，则显示目标点与放样点的差值。按照屏幕上指示移动棱镜，再按（测量）键进行测量，直至放样结束。

6.7.4　注意事项

观测时，应仔细检查仪器的各项参数设置，禁止将望远镜照准太阳。

6.7.5　记录成果表

每人上交全站仪观测记录表一份。

习题与作业

1. 全站仪有哪些常见的功能？
2. 简述全站仪进行角度测量的操作步骤。
3. 简述全站仪距离测量的操作步骤。
4. 简述全站仪坐标测量的操作步骤。
5. 简述全站仪悬高测量与对边测量的操作步骤。
6. 简述利用全站仪进行数据采集的操作步骤。

模块 3 测量综合技能

项目 7 小地区控制测量

为了满足地形测量和工程测量的需要,首先在整个测区范围内均匀选定若干数量的点子,这些点子称为控制点,然后以较高的观测精度测出这些点子的坐标和高程,以作为测图及施工放样的依据,那么这项工作就称为控制测量。

控制测量分为平面控制测量和高程控制测量两种。只是测定控制点平面位置(坐标)的控制测量称为平面控制测量;只是测定控制点高程位置的控制测量称为高程控制测量。无论是平面控制测量还是高程控制测量,选取的控制点必须按一定规则相互连接起来组成网络,否则将无法实施观测、检核及坐标或高程的推算,这样的网络称为控制网。相应地,只是解决控制点平面位置的控制网称为平面控制网,只是解决控制点高程位置的控制网称为高程控制网。

任务 7.1 控制测量概述

7.1.1 平面控制网的建立方法

7.1.1.1 三角测量法

如图 7-1 所示,把地面上选定的控制点依次连接成三角形,观测各三角形的全部内角,并化算到平面上,根据起始边的平面边长和方位角(如图中 D_{AB} 和 α_{AB}),即可按三角形的边角关系逐一推算各边的边长和方位角,进而根据已知点坐标(如图中 A 点的坐标 x_A、y_A)推算出各点坐标,这种测量方法称为三角测量法。

7.1.1.2 导线测量法

如图 7-2 所示,选定的控制点依序连接成折线形式(称为导线);测定导线各边的边长及转折角,并化算到平面上,根据起始方位角(如图中的 α_{AB})推算各边的方位角,继而根据起始点坐标(如图中 A 点坐标 x_A、y_A)推算各点的坐标,这种测量方法称为导线测量法。

7.1.1.3 三边测量法

在三角网中,如果不观测三角形内角,改为观测各三角形的全部边长,同样根据三角

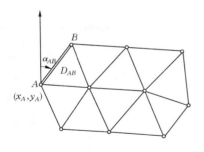

图 7-1　三角网

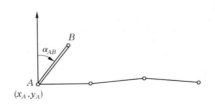

图 7-2　导线测量

形的边角关系推算出各三角形的内角和各边的方位角,进而推算出各点坐标,这种测量方法称为三边测量法。

7.1.1.4　边角同测法

在三角网中,如果既测边又测角,那么这种测量方法就称为边角同测法。

三角测量法的优点是控制的范围大,在电磁波测距仪没有普及时,它是建网的主要方法;导线测量法的优点是单线推进,扩展迅速,随着电磁波测距仪的普及,它已经上升为建网的主要方法;边角同测法具有精度高的特点,一般应用于高精度的专用控制网。

7.1.2　国家平面控制网的布设

国家平面控制网主要采用三角测量的方法建立(青藏高原等特殊困难地区采用导线测量法),它是按照"分级布网、逐级控制"的原则布设,按精度从高级到低级将控制网依序划分为一、二、三、四等四个等级。一等三角以锁的形式沿经纬线方向布设(见图 7-3(a)),二等三角以网的形式布设在一等锁网内(见图 7-3(b)),三、四等三角以插网或插点形式布设在一、二等锁网内,各等级三角网的主要技术指标见表 7-1。

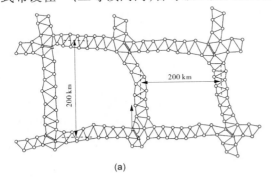

(a)

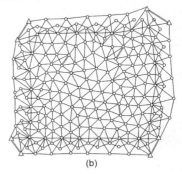

(b)

图 7-3　国家平面控制网

国家三角网中的控制点称为三角点,国家等级的三角点或导线点统称"大地点"。选定的大地点必须按规范要求埋设永久性标石作为标志,同时建立觇标作为照准标志。

表 7-1　国家三角网技术指标

等级	平均边长（km）	测角中误差（″）	三角形最大闭合差（″）	起始边相对中误差	最弱边相对中误差
一	20~25	±0.7	±2.5	1/350 000	1/150 000
二	13	±1.0	±3.5	1/250 000	1/150 000
三	8	±1.8	±7.0	1/150 000	1/80 000
四	2~6	±2.5	±9.0	1/100 000	1/40 000

7.1.3　小区域控制网的布设

国家控制点的密度是很小的，例如最低的四等三角点的平均边长约为 4 km，远远满足不了小范围测区大比例尺测图或施工放样的需要，而工程建设大多都是在小范围内进行的，所以下面从测图角度出发，简要叙述一下小范围测区控制网的建立方法。

小范围测区的平面控制，亦应按照"分级布网，逐级控制"的原则来布网。分级的多少视测区大小及测图比例尺的大小而定，多数情况下，在国家控制网基础上分两级布设。

7.1.3.1　首级控制网

首级控制网通常采用五等三角或五等导线的方法布设。五等三角锁网的主要技术指标见表 7-2。

表 7-2　五等三角锁、网主要技术指标

级别	测角中误差（″）	三角形最大闭合差（″）	最小求距角（°）	平均边长（km）		起始边相对中误差	最弱边相对中误差
				建筑区或枢纽区	一般地区		
一级	±5	±15	30	1	2	1/40 000	1/20 000
二级	±10	±30	30	0.5	1	1/20 000	1/10 000

7.1.3.2　图根控制网

图根控制网是直接为测图服务的一级控制网，它是在首级控制网基础上对控制点的进一步加密。图根网中的控制点称为图根点。它的密度应满足测图的需要。图根点的密度要求与测图比例尺有关，见表 7-3。

表 7-3　图根点密度

测图比例尺	每平方千米的控制点数	每幅图的控制点数	相邻控制点最大边长（m）
1:5 000	4	20	540
1:2 000	15	15	280
1:1 000	40	10	170
1:500	120	8	100

图根控制网的建立方法,通常有导线测量法、小三角测量法、交会法等。图根点的标志一般采用木桩或埋设简易混凝土标石,并用标旗作为觇标。

应当指出,对于小范围测区,根据实际工作需要,控制网可以附合于国家高级控制点上,形成统一的坐标系统;也可以布设成独立控制网,采用假定坐标系统。

任务 7.2 坐标正算与坐标反算

7.2.1 坐标正算

根据两点间的水平距离和方位角计算待定点平面直角坐标的方法称为坐标正算。

如图7-4所示,设 A 点的坐标已知,测得 AB 两点间的水平距离为 D_{AB},方位角为 α_{AB},则 B 点的坐标可用下述公式计算

$$\left.\begin{array}{l} \Delta x_{AB} = D_{AB}\cos\alpha_{AB} \\ \Delta y_{AB} = D_{AB}\sin\alpha_{AB} \end{array}\right\} \tag{7-1}$$

$$\left.\begin{array}{l} x_B = x_A + \Delta x_{AB} \\ y_B = y_A + \Delta y_{AB} \end{array}\right\} \tag{7-2}$$

式中 Δx_{AB}、Δy_{AB}——A 点到 B 点的纵、横坐标增量,Δx_{AB}、Δy_{AB} 的符号分别由 α_{AB} 的余弦函数、正弦函数确定。

7.2.2 坐标反算

根据两点的平面直角坐标,反过来计算它们之间水平距离和方位角的方法,称为坐标反算。在图7-4中,假定 A、B 两点的坐标(x_A,y_A)、(x_B,y_B)已知,则方位角 α_{AB} 可按下述方法计算:

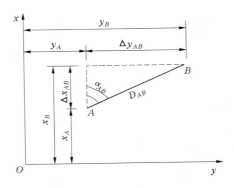

图 7-4 坐标正、反算

(1)计算坐标增量 Δx_{AB}、Δy_{AB}

$$\left.\begin{array}{l} \Delta x_{AB} = x_B - x_A \\ \Delta y_{AB} = y_B - y_A \end{array}\right\} \tag{7-3}$$

（2）计算象限角：

$$R_{AB} = \arctan \frac{|\Delta y_{AB}|}{|\Delta x_{AB}|} \tag{7-4}$$

（3）根据 Δx_{AB}、Δy_{AB} 的符号，按表 7-4 中所列，确定 R_{AB} 所在的象限，并以相应公式计算方位角 α_{AB}。

表 7-4　方位角计算公式

Δx_{AB}	Δy_{AB}	R_{AB} 所在象限	α_{AB} 计算公式
+	+	I	$\alpha_{AB} = R_{AB}$
−	+	II	$\alpha_{AB} = 180° - R_{AB}$
−	−	III	$\alpha_{AB} = 180° + R_{AB}$
+	−	IV	$\alpha_{AB} = 360° - R_{AB}$

应当注意，有几种特殊情况，可根据 Δx_{AB}、Δy_{AB} 的符号直接写出 AB 边的方位角值，具体如下：

（1）当 Δx_{AB} 为零，Δy_{AB} 为正时，$\alpha_{AB} = 90°$；Δy_{AB} 为负时，$\alpha_{AB} = 270°$。

（2）当 Δy_{AB} 为零，Δx_{AB} 为正时，$\alpha_{AB} = 0°$；Δx_{AB} 为负时，$\alpha_{AB} = 180°$。

A、B 两点间的水平距离 D_{AB} 可按下列任一公式计算

$$\left. \begin{array}{l} D_{AB} = \dfrac{\Delta x_{AB}}{\cos \alpha_{AB}} \\[3mm] D_{AB} = \dfrac{\Delta y_{AB}}{\sin \alpha_{AB}} \\[3mm] D_{AB} = \sqrt{\Delta x_{AB}^2 + \Delta y_{AB}^2} \end{array} \right\} \tag{7-5}$$

任务 7.3　导线测量

7.3.1　导线的布设形式

导线的布设形式通常有以下三种。

7.3.1.1　闭合导线

从某一已知点出发，顺序连接各个未知点，最后又闭合到该已知点的导线，称为闭合导线，如图 7-5（a）所示。

7.3.1.2　附合导线

从某一已知点出发，顺序连接各个未知点，最后又附合到另一已知点的导线，称为附合导线，如图 7-5（b）所示。

7.3.1.3　支导线

从某一已知点出发，顺序连接各个未知点，既不闭合又不附合的导线，称为支导线，如图 7-5（c）所示。

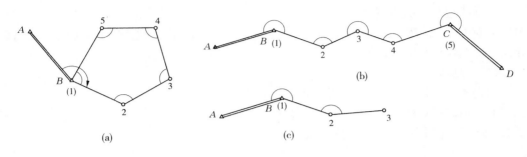

图 7-5　导线的布设形式

以上三种导线形式中,闭合导线、附合导线均具有严格的几何条件供检核,所以实际工作中得到了广泛应用;支导线没有检核条件,一般不宜采用,特殊情况下需要采用时,最多只能支出两点。

7.3.2　导线测量的外业工作

7.3.2.1　选点

在实地上选择、落实和标定控制点点位的工作叫作选点。

选点前应根据测区的形状、大小,已有的已知控制点情况以及测图比例尺对图根点的密度要求,在已有的地形上用初步拟订控制点的位置和导线的布设形式,然后到实地上落实并标定点位。对于面积较小的测区,亦可直接到实地选择并标定点位。点位的选择应符合下述要求:

(1)点位应选在视野开阔、土质坚实,便于安置仪器和测绘地形的地方。

(2)相邻点间必须通视,以便于测角和测距。如果采用钢尺量距的方法测定边长,则要求相邻两点间的地势比较平缓且没有障碍。

(3)相邻两导线边长应大致相等,以防测角时因望远镜调焦幅度过大引起测角误差。

(4)导线总长应不超过 0.8M m(M 为测图比例尺分母);边长最短不应短于 50 m,最长不应超过表 7-3 中的规定。

点位选好后,打下大木桩(桩顶钉小钉)或埋设混凝土柱石(顶面刻划"十"标记)以示点位,并按前进顺序编写点名或点号(闭合导线应按逆时针方向编号)。最后竖立观测标志。

为了便于日后寻找,应量出导线点与附近固定且明显地物点的距离,绘一草图(示意图),如图 7-6 所示,这种图称为点之记。

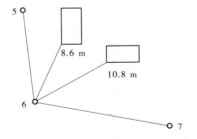

图 7-6　控制点点之记

7.3.2.2　测角

在导线的各转折点上观测水平角。一般观测左角。对于闭合导线,由于前进顺序为逆时针方向,故左角亦即多边形的内角。

水平角观测一般采用 J_6 型经纬仪,以测回法观测两测回,测回间变动度盘位置 90°,两半测回角值差应不超过 ±36″,两测回角值差应不超过 ±24″。

当导线边与高级控制边连接时,应在连接点上观测连接角,如图 7-5(a)中的∠AB2、图 7-5(b)中的∠AB2 及∠4CD、图 7-5(c)中的∠AB2。不与高级控制边连接的独立闭合导线,应用罗盘仪测定起始边的磁方位角作为起始坐标方位角。

7.3.2.3　测边

测定各个导线边的边长(两导线点间的水平距离)。

不论用何种方法测距,要求测距精度≤1/2 000。用视距方法测距,远远达不到精度要求,故图根控制中不能采用视距导线。

7.3.3　导线测量的内业计算

内业计算的目的就是通过计算消除各观测值之间的矛盾,最终以求得各点的坐标。下面讲解手工计算(借助计算器)的作业步骤和方法。

7.3.3.1　计算前的准备工作

(1)检查外业观测手簿(包括水平角观测、边长观测、磁方位角观测等),确认观测、记录及计算成果正确无误。

(2)绘制导线略图,如图 7-7 所示。略图是一种示意图,绘图比例、用线粗细没有严格要求,但应注意美观、大方,大小适宜,与实际图形保持相似,且与实地方位大体一致。所有的已知数据(已知方位角、已知点坐标)和观测数据(水平角值、边长)应正确抄录于图中,注意字迹工整,位置正确。

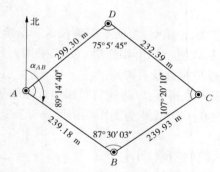

$\alpha_{AB} = 133°46'40''$　　$x_A = 1\ 540.00$ m　　$y_A = 1\ 500.00$ m

图 7-7　闭合导线计算略图

(3)绘制计算表格,如表 7-5 所示。在对应的列表中抄录已知数据和观测数据,应注意抄录无误。在点名或点号一列应按推算坐标的顺序填写点名和点号。

$$\alpha_{AB} = 133°46'40''\qquad x_A = 1\ 540.00\text{ m}\qquad y_A = 1\ 500.00\text{ m}$$

7.3.3.2　闭合导线的计算

下面结合图 7-7 和表 7-5 所示示例说明闭合导线的计算步骤与方法。

1. 角度闭合差的计算与调整

闭合导线是由折线组成的多边形,由平面几何知识可知,n 边形内角和的理论值为

$$\sum \beta_{\text{理}} = (n-2) \times 180°$$

表 7-5　闭合导线计算

点名	观测角 (° ′ ″)	改正后角值 (° ′ ″)	坐标方位角 (° ′ ″)	边长 (m)	坐标增量 (m) Δx	坐标增量 (m) Δy	改正后坐标增量 (m) Δx	改正后坐标增量 (m) Δy	坐标值 (m) x	坐标值 (m) y
1	2	3	4	5	6	7	8	9	10	11
A			133 46 40	239.18	+0.03 / −165.48	0 / +172.69	−165.45	+172.69	1 540.00	1 500.00
B	−9 / 87 30 03	87 29 54	41 16 34	239.93	+0.03 / +180.32	0 / +158.29	+180.35	+158.29	1 374.55	1 672.69
C	−10 / 107 20 10	107 20 00	328 36 34	232.39	+0.03 / +198.38	0 / −121.04	+198.41	−121.04	1 554.90	1 830.97
D	−10 / 75 55 45	75 55 35	224 32 09	299.30	+0.03 / −213.34	−0.01 / −209.92	−213.31	−209.93	1 753.31	1 709.93
A	−9 / 89 14 40	89 14 31	133 46 40						1 540.00	1 500.00
B										
Σ	360 00 38	360 00 00		1 010.80	−0.12	+0.01	0	0		

计算公式

$f_\beta = 360°00'38'' - 360° = +38''$　　$f_{\beta容} = \pm 60''\sqrt{4''} = \pm 120''$　　$f_x = -0.12$　　$f_y = +0.01$

$f_D = \sqrt{f_x^2 + f_y^2} = 0.12$　　$K = \dfrac{f_D}{\sum D} = \dfrac{0.12}{1\,010.80} \approx \dfrac{1}{8\,400}$

设实际观测的各个内角的内角和为 $\sum \beta_测$。由于观测误差的存在,致使内角和的观测值不等于其理论值,两者的差值称为角度闭合差,以 f_β 表示,则

$$f_\beta = \sum \beta_测 - \sum \beta_理$$

于是得闭合导线角度闭合差的计算公式为

$$f_\beta = \sum \beta_测 - (n-2) \times 180° \tag{7-6}$$

角度闭合差 f_β 的大小在一定程度上标志着测角的精度。对于图根导线,角度闭合差的允许值为

$$f_{\beta允} = \pm 60'' \sqrt{n} \tag{7-7}$$

如果角度闭合差超过允许值,应分析原因,进行外业局部或全部返工。当角度闭合差不大于允许值时,可将闭合差按"反号平均法则"分配到各个观测角中,即给每个观测角分配一个改正数

$$\nu_\beta = -\frac{f_\beta}{n} \tag{7-8}$$

如果 f_β 的数值不能被内角数 n 整除而有余数,可将余数调整分配在短边的邻角上。本例所示的闭合导线,按上式算得角度改正数为 $\nu_\beta = -38''/4 = 9.5''$,可先按 $-9''$ 分配给各角,剩余共有 $-2''$ 的余数,可分别再给 C 角和 D 角各分配 $-1''$(因 CD 边长最短),亦即 C 角和 D 角的改正数各为 $-10''$。各角的改正数应写在表中各相应观测角值的正上方位置,如表中第 2 栏所示。为避免改正数的计算或分配错误,应按式(7-9)做角度改正数的检校

$$\sum \nu_\beta = -f_\beta \tag{7-9}$$

如改正数计算和分配无误,将各角观测值加上相应的改正数即得各角改正后的角值,如表中第 3 栏所示。不难理解,改正后角值之和应该等于内角和的理论值,以此可检核改正后角值的计算是否正确。

2. 导线边方位角的推算

从已知方位角的边开始,结合各角改正后的角值,依序推算各边的方位角,如表 7-5 中第 4 栏所示。方位角的推算公式为

$$\alpha_前 = \alpha_后 + 180° + \beta_左 \tag{7-10}$$

应当注意,算出的方位角值大于 360° 时,应减去 360°。为检核方位角推算的正确性,方位角应推算至已知边,推算得的方位角值应等于其已知值,否则说明方位角推算有误,应重新推算。

3. 计算各边的坐标增量

各边方位角推出后,即可根据边长和方位角按坐标正算公式计算导线各边的坐标增量,即

$$\Delta x_i = D_i \times \cos\alpha_i \qquad \Delta y_i = D_i \times \sin\alpha_i \tag{7-11}$$

式中 i——第 i 条导线边($i = 1, 2, \cdots, n$)。

计算结果应填写在表 7-5 第 6 栏、第 7 栏相应位置中。计算结果的取位应当和已知点坐标的取位一致。

4. 坐标增量闭合差的计算与调整

从图 7-8(a)可以看出,闭合导线各边纵、横坐标增量的代数和在理论上应等于零,即 $\sum \Delta x_理 = 0$,$\sum \Delta y_理 = 0$。

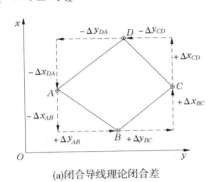

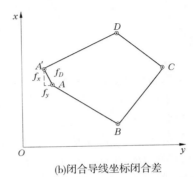

(a)闭合导线理论闭合差   (b)闭合导线坐标闭合差

图 7-8   闭合导线坐标闭合差

由于角度和边长测量均存在误差,尽管角度进行了闭合差的调整,但调整后的角值也不一定是该角的真实值,所以由边长、方位角计算出来的纵、横坐标增量,其代数和 $\sum \Delta x_测$、$\sum \Delta y_测$ 一般都不等于其理论值,那么它们和理论值(即零)的差值称为纵、横坐标增量闭合差,分别以 f_x、f_y 表示,则

$$f_x = \sum \Delta x_测 \qquad f_y = \sum \Delta y_测 \tag{7-12}$$

由于 f_x、f_y 的存在,使闭合导线由 A 点出发,最后不是闭合到 A 点,而是落在 A' 点,产生了一段差距 $A'A$,如图 7-8(b)所示,这段差距称为导线全长闭合差,用 f_D 表示,从图 7-8 中可以看出

$$f_D = \sqrt{f_x^2 + f_y^2} \tag{7-13}$$

导线全长闭合差 f_D 主要是由测边误差引起的。一般来说,导线愈长,全长闭合差愈大,因而单纯用导线全长闭合差 f_D 还不能正确反映导线测量的精度,通常采用 f_D 与导线全长 $\sum D$ 的比值并化成分子为 1 的形式来衡量导线测量的精度,这种表示形式称为导线全长相对闭合差,以 K 来表示,则

$$K = \frac{f_D}{\sum D} = \frac{1}{\sum D / f_D} \tag{7-14}$$

图根导线测量中,一般情况下,K 值不应超过 1/2 000,困难地区也不应超过 1/1 000。若 K 值不满足限差要求,首先检查内业计算有无错误,其次检查外业成果,若均不能发现错误,则应到现场重测可疑成果或全部重测;若 K 值满足限差要求,即可进行坐标增量闭合差的调整。

由于坐标增量闭合差主要是由边长误差的影响而产生的,而边长误差的大小与边长的长短有关,因此坐标增量闭合差的调整方法是将增量闭合差 f_x、f_y 反号,按与边长成正比的法则,分配到各边坐标增量中,使改正后的坐标增量之和等于其理论值(零)。

换言之,即为了消除闭合差,应给各边的坐标增量施加一个改正数。设第 i 边的边长为 D_i,坐标增量改正数为 $V_{\Delta xi}$、$V_{\Delta yi}$,则

$$V_{\Delta xi} = -\frac{f_x}{\sum D} \times D_i \qquad V_{\Delta yi} = -\frac{f_y}{\sum D} \times D_i \qquad (7\text{-}15)$$

改正数的计算结果应填写在表中第 6、第 7 栏相应坐标增量的上方位置,改正数计算结果的取位应当与坐标增量的取位一致。坐标增量改正数计算的正误,可用下式来进行校核:

$$\sum V_{\Delta x} = -f_x \qquad \sum V_{\Delta y} = -f_y \qquad (7\text{-}16)$$

由于取舍误差的影响,有时会使改正数之和与增量闭合差相反数有一微小的差值,即式(7-16)不能绝对得到满足,此时可将这一微小差值分配到较长的导线边上。本例所示的闭合导线,$f_x = -0.12$,但 $\sum V_{\Delta x} = 0.03 + 0.03 + 0.03 + 0.04 = +0.13 \neq -f_x = +0.12$,而是多了 0.01,这是由于取舍误差造成的,因此可将 DA 边(长边)的纵坐标增量改正数减去 0.01,即使 DA 边的纵坐标增量改正数为 +0.03。

坐标增量改正数经检核无误后,即可计算各边改正后的坐标增量,填写在表 7-5 中第 8 栏、第 9 栏相应位置中。不难理解,改正后的坐标增量之和应等于其理论值(等于零),以此可检核改正后坐标增量计算的正确性。

5. 导线点的坐标计算

坐标增量调整后,即可根据起点(本例 A 点)的坐标和改正后的坐标增量,依序推算各导线点的坐标,填于表中第 10 栏、第 11 栏中相应的位置。推至最后一个点的坐标后,还要再推算出起点的坐标,看是否与其已知坐标相等,以此来检核坐标推算的正确性。

7.3.3.3 附合导线的计算

附合导线的计算与闭合导线的计算基本上相同,但由于两者的形式不同,在某些方面的计算上存在差别,现仅将其不同之处说明如下。

1. 角度闭合差的计算

在图 7-9 所示的附合导线中,A、B、C、D 为已知点,α_{AB} 和 α_{CD} 分别为起边和终边的已知方位角。根据方位角推算公式,有

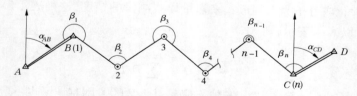

图 7-9　附合导线的计算

$$\alpha_{12} = \alpha_{AB} + 180° + \beta_1$$
$$\alpha_{23} = \alpha_{12} + 180° + \beta_2 = \alpha_{AB} + 2 \times 180° + (\beta_1 + \beta_2)$$
$$\cdots$$
$$\alpha'_{CD} = \alpha_{(n-1)n} + 180° + \beta_n = \alpha_{AB} + n \times 180° + (\beta_1 + \beta_2 + \cdots + \beta_n)$$

即

$$\alpha'_{CD} = \alpha_{AB} + \sum \beta_测 + n \times 180° \qquad (7\text{-}17)$$

式中　n——观测角的个数;

$\sum\beta_{测}$——观测角的总和；

α'_{CD}——推得的 CD 边（终边）的方位角。

应当注意,当推算出的 α'_{CD} 超过 360°时,应减去一个或若干个 360°。

由于测量误差的存在,使得推得的 CD 边的方位角 α'_{CD} 不等于其已知方位角 α_{CD}。两者的差值（方位角闭合差）即角度闭合差 f_β,即

$$f_\beta = \alpha'_{CD} - \alpha_{CD} \tag{7-18}$$

附合导线角度闭合差允许值的计算以及角度闭合差的调整方法与闭合导线相同。但须注意,改正后角值的检核应按式(7-19)进行

$$\sum\beta_{改} = \sum\beta_{测} - f_\beta \tag{7-19}$$

式中　$\sum\beta_{改}$——各角改正后的角值之和。

2. 坐标增量闭合差的计算

由于附合导线是从一个已知点出发,附合到另一个已知点,因此各边纵、横坐标增量的代数和理论上不是零,而应等于起、终两已知点间的坐标增量（两已知点坐标之差）。如不相等,其差值即为附合导线的坐标增量闭合差,计算公式为

$$\left.\begin{array}{l} f_x = \sum\Delta x_{测} - (x_{终} - x_{起}) \\ f_y = \sum\Delta y_{测} - (y_{终} - y_{起}) \end{array}\right\} \tag{7-20}$$

式中　$x_{起}$、$y_{起}$——导线起点的纵、横坐标。

$x_{终}$、$y_{终}$——导线终点的纵、横坐标。

附合导线全长闭合差的计算以及坐标增量闭合差的调整方法与闭合导线相同。但须注意,改正后坐标增量的检核应按下式进行

$$\left.\begin{array}{l} \sum\Delta x_{改} = x_{终} - x_{始} \\ \sum\Delta y_{改} = y_{终} - y_{始} \end{array}\right\} \tag{7-21}$$

式中　$\sum\Delta x_{改}$——各边改正后的纵坐标增量之和。

$\sum\Delta y_{改}$——各边改正后的横坐标增量之和。

附合导线的算例见图 7-10 及表 7-6。

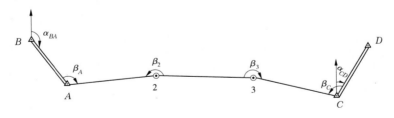

图 7-10　附合导线算例

7.3.3.4　支导线的计算

支导线没有检核条件,不存在角度闭合差和坐标增量闭合差的调整问题,所以它的计算十分简单,只需推出各边的方位角,计算出各边的坐标增量,即可求得各点的坐标。但

表 7-6　附合导线计算

点名	观测角 (° ′ ″)	改正后角值 (° ′ ″)	坐标方位角 (° ′ ″)	边长 (m)	坐标增量(m)		改正后坐标增量(m)		坐标值(m)	
					Δx	Δy	Δx	Δy	x	y
1	2	3	4	5	6	7	8	9	10	11
B			149 40 00							
A	−10 168 03 24	168 03 14							3 806.00	3 785.00
			137 43 14	236.02	−0.09 −174.62	−0.05 +158.78	−174.71	+158.73		
2	−10 145 20 48	145 20 38							3 631.29	3 943.73
			103 03 52	189.11	−0.07 −42.75	−0.04 +184.22	−42.82	+184.18		
3	−10 216 46 36	216 46 26							3 588.47	4 127.91
			139 50 18	147.62	−0.05 −112.82	−0.02 +95.21	−112.87	+95.19		
C	−11 49 02 48	49 02 37							3 475.60	4 223.10
			8 52 55							
D										
Σ	579 13 36	579 12 55		572.75	−330.19	+438.21	−330.40	+438.10		

计算公式

$\alpha'_{CD} = \alpha_{AB} + n \times 180° + \sum \beta_{测}$　　$f_\beta = \alpha'_{CD} - \alpha_{CD} = +41''$　　$f_{\beta允} = \pm 60''\sqrt{4} = \pm 120''$

$f_y = +0.11$　　$f_x = +0.21$　　$f_D = \sqrt{f_x^2 + f_y^2} = -0.24$　　$K = \dfrac{f_D}{\sum D} \approx \dfrac{1}{2\ 300}$

由于缺乏检核条件,难以发现计算中的错误,所以应认真计算,最好采用二人对算的方法进行。

任务 7.4　交会测量的外业观测与内业计算

交会法测量是加密图根点的常用方法,尤其适合于测区内已知点较多而需要加密图根点较少的局部地区。根据观测元素的不同,交会法测量可分为测角交会和测边交会两种,这里仅介绍测角交会。

7.4.1　交会法有三种布设形式

7.4.1.1　前方交会

如图 7-11(a)所示,在两个已知点 A 和 B 上,分别对待定点 P 观测水平角 α 和 β,从而求得待定点 P 坐标的方法称为前方交会法。

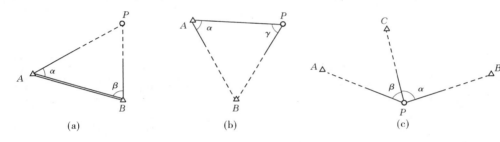

图 7-11　交会法布设形式

7.4.1.2　侧方交会

如图 7-11(b)所示,在由两个已知点 A、B 和待定点 P 所组成的三角形中,分别在一个已知点和待定点上观测水平角 α 和 γ,从而求得待定点 P 坐标的方法称为侧方交会法。

7.4.1.3　后方交会

如图 7-11(c)所示,在待定点 P 上对 3 个已知控制点 A、B、C 观测水平角,从而求得待定点 P 坐标的方法称为后方交会法。

为了提高交会定点的解算精度,待定点上的交会角应不小于30°和不大于150°。水平角采用 DJ$_2$ 型经纬仪观测两测回。

7.4.2　前方交会的坐标计算公式

三种交会形式中,以前方交会应用最为广泛,下面直接给出前方交会的坐标计算公式,其他交会形式的计算可参阅其他教材。

如图 7-11(a)所示,设 A、B 为已知控制点,P 为待定点,A、B、P 三点按逆时针顺序排列。A、B 点的坐标分别为 x_A、y_A 和 x_B、y_B,在 A、B 两点上分别观测了角 α 和 β,则 P 点坐标 x_P、y_P 的计算公式为

$$x_P = \frac{x_A \cot\beta + x_B \cot\alpha - y_A + y_B}{\cot\alpha + \cot\beta}, \quad y_P = \frac{y_A \cot\beta + y_B \cot\alpha + x_A - x_B}{\cot\alpha + \cot\beta} \tag{7-22}$$

式(7-22)即著名的戎格公式,又称为余切公式。

为了检核和提高点位精度,待定点 P 应由两个不同的三角形分别进行交会,分别由余切公式计算 P 点坐标,当两组坐标计算的点位较差符合要求时,取两组坐标的平均值作为最后结果。点位较差 f 的计算公式为

$$f = \sqrt{(x'_P - x''_P)^2 + (y'_P - y''_P)^2}$$

(7-23)

式中,x'_P、y'_P 和 x''_P、y''_P 分别表示第 1 个和第 2 个图形推算的 P 点坐标。f 的允许值为 0.000 2M m 或 0.000 3M m(M 为测图比例尺分母)。

前方交会的计算示例见表 7-7。

表 7-7 前方交会点计算

原理图		野外略图				
	点名		观测角值		坐标(m)	
A	西屯	α_1	59°20′59″	x_A	5 522.01	y_A 1 523.29
B	冈下	β_1	54°09′52″	x_B	5 189.35	y_B 1 116.90
P	爪弯			x'_P	5 059.93	y'_P 1 595.34
B	冈下	α_2	61°54′29″	x_B	5 189.35	y_B 1 116.90
C	杜岭	β_2	55°44′54″	x_C	4 671.79	y_C 1 236.06
P	爪弯			x''_P	5 060.02	y''_P 1 595.35
检核:$f_计 = 0.09$ m		$f_允 = 0.6$ m		中数:$x_P = 5 059.98$		$y_P = 1 595.34$

任务 7.5 GPS 定位测量简介

GPS(全球定位系统)是美国军方开发的全球性、全天候、连续、适时的无线电卫星导航定位系统。该系统从 1973 年开始研制,到 1993 年全部建成,原为美国军方服务,后部分功能向民用开放。GPS 定位具有精度高、速度快的显著优点,迅速成为测量工作(特别是控制测量)的主要方法。GPS 定位系统由 GPS 卫星星座、地面监控系统和用户接收设备三大部分构成。

7.5.1 GPS 卫星星座

GPS 星座共有 24 颗卫星(其中 3 颗为备用卫星)组成。如图 7-12 所示,24 颗卫星分布在 6 个等间隔近似圆形的轨道面上(每个轨道面上有 4 颗卫星),轨道面相对于地球赤道面的倾角为 55°,相邻轨道面的邻近卫星在相位上相差 30°。卫星高度约 20 200 km,运

行周期为 11 时 58 分。这样的卫星分布,可以保证全球任何地区、任何时刻都有不少于 4 颗卫星(最多达 11 颗)可供观测。

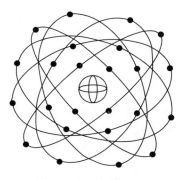

GPS 卫星发射 L1(1 575. 42 MHz)、L2(1 227 MHz)两种载波频率的无线电信号,在 L1 上调制有 1. 023 MHz 的伪随机噪声码(粗捕获码或 C/A 码)、10. 23 MHz 的伪随机噪声码(精码或 P 码)以及 50 bit/s 的导航电文;在 L2 上调制有精码和导航电文。精码用于精密测距,而粗码的作用在于通过它捕获精码。

图 7-12　GPS 卫星星座

7.5.2　地面监控系统

地面监控系统有分布在全球的 5 个监控站、3 个注入站和 1 个主控站组成。监控站的任务主要是获得卫星观测数据并传送至主控站。主控站的任务是收集监控站对卫星的全部观测数据;利用这些观测数据计算每颗卫星的轨道和卫星钟改正值;外推 1 d 以上的卫星星历及钟差,并按一定格式转化为导航电文传送至注入站。注入站的任务是在每颗卫星运行至上空时将导航数据及主控站的指令注入卫星。

7.5.3　用户接收设备

用户接收设备包括 GPS 接收机、数据处理软件、微处理机及其终端设备等。GPS 接收机是用户设备的核心,由主机、天线和电源三部分组成,如图 7-13 所示。接收机的功能主要是跟踪、接收 GPS 卫星发射的信号,并利用本机产生的伪随机噪声码取得距离观测量和导航电文。微处理机和数据处理软件的功能是根据导航电文提供的卫星位置和钟差改正信息,解算出接收机的位置——测站点的三维坐标。

GPS 定位的几何原理是距离后方交会。观测时刻的卫星坐标可通过导航信息获得,即卫星相当于已知坐标点,如图 7-14 所示,接收机只须观测到 3 颗卫星的距离 ρ_1、ρ_2、ρ_3,即可用距离交会方法求得测站点的坐标。事实上,接收机时钟是存在偏差的,为求得时钟钟差,接收机应同时观测至少 4 颗卫星,这样才能解算出测站点的三维坐标和钟差四个未知数。

图 7-13　GPS 定位原理

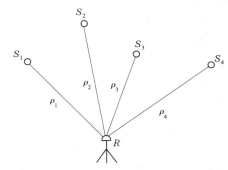

图 7-14　GPS 接收机

任务 7.6 全站仪导线测量实训

7.6.1 目的

(1)掌握导线的外业测量工作,选点、水平角测量、全站仪距离测量等。
(2)规范外业测量的记录。
(3)掌握导线计算的方法和步骤。

7.6.2 仪器工具

(1)全站仪一套(包括主机 1 台,棱镜 2 个,基座 1 个,三脚架 2 个,对中杆 1 个),记录板 1 块。
(2)统一的记录表格 3~4 张(备用 2 张),计算表格 5~6 张(备用 6 张)。

7.6.3 步骤

(1)在实习场地上选择两个已知点(坐标由指导教师提供)作为闭合导线的起算点:①两已知点间的距离尽量远;②不同闭合环选择不同的起算点,以避免观测时相互影响。

(2)在教学楼四周选择四个导线点:①相邻点间保持良好的通视条件;②使用记号笔、粉笔或油漆在水泥地面清晰标识出点位位置⊙,点位中心标志尽量小,以减小对中误差;③按 1−A 的形式逆时针编号,前面的数字表示闭合环,如 1 小组用 1,其他依次类推(2、3、4、5…),后面的大写字母表示闭合环中的第几个点,如 B、C、D;④闭合环间的导线点之间尽量保持一定的距离,以避免观测时的相互影响;⑤每小组安排 3 个人选点,2 个人练习仪器操作。

(3)观测:①需要观测的内容包括:导线联系角和转折角,水平距离;②同一个闭合环的两个小组协调分工,各观测 3 个水平角;③仪器的对中和整平,两人确认后再开始观测;④水平角、水平距离可以同时观测和记录;⑤水平角观测 2 个测回,由两个人分别观测 1 个测回后比较差值,差值 < ±30″取平均值,否则由第三个人再观测 1 个测回,取差值 < ±30″的两个测回的平均值;⑥距离测量时注意设置好温度、气压(由老师提供)、棱镜常数、观测模式(精测模式);⑦每一条边都需要往返观测,往返测差值 < ±5 mm 取平均值。

(4)计算:①全部观测完成后,由两小组的组长负责汇总观测数据,组织小组成员分别独立计算角度闭合差,限差为 $\pm 40\sqrt{n}$。若角度闭合差超限,则交换观测检查水平角,检查时只需要观测 1 个测回;②角度闭合差合格后,根据已知坐标推算出起算方位角,将起算数据(起算坐标和坐标方位角)和观测数据(水平角、边长)数据填入导线计算表,每个人分别独立进行后续计算;③导线全长相对闭合差 <1/4 000。

(5)上交资料(以小组为单位):①原始观测数据记录表;②每个人独立计算的导线计算表格。

7.6.4　注意事项

（1）本次实习为综合实习，综合运用了以前学习的内容，实习前请认真复习相关知识。

（2）本次实习需要多人合作协调进行，实习开始前，组长应召集本小组同学充分讨论和分工，以保证实习的顺利进行。

（3）记录表用铅笔填写，计算表可用中性笔、钢笔、圆珠笔等填写。

7.6.5　记录计算

（1）记录表格（见表 7-8、表 7-9）。

（2）计算表格。

习题与作业

1. 建立平面控制网的常用方法有哪些？各有何特点？

2. 国家平面控制网的布设原则、方法是什么？有哪些技术要求？

3. 小区域平面控制网的布设原则、方法是什么？有哪些技术要求？

4. 单一导线有哪三种布设形式？各有何特点？

5. 选取导线点时应注意哪些问题？

6. 交会法测量有哪几种布设形式？各有何特点？

7. 设有闭合导线 $A—B—J_1—J_2—J_3—J_4$，如图 7-15 所示。其中，A 和 B 为坐标已知的点，$J_1 \sim J_4$ 为待定点。已知点坐标和导线的边长、角度观测值如图 7-15 所示。试计算各待定导线点的坐标。

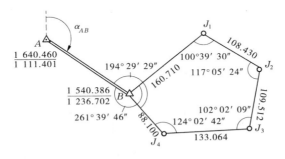

图 7-15　闭合导线计算练习题

8. 设有附合导线 $A—B—K_1—K_2—K_3—C—D$，如图 7-16 所示。其中 A、B、C、D 为坐标已知的点，$K_1 \sim K_3$ 为待定点。已知点坐标和导线的边长、角度观测值如图 7-16 所示。试计算各待定导线点的坐标。

9. 用测角交会法测定 P 点的位置。已知点 A、B 的坐标和观测的交会角，如图 7-17 所示，计算 P 点的坐标。

表 7-8 角边测量记录

测回	测站	照准点	水平角					距离		
			盘左读数 (° ′ ″)	盘右读数 (° ′ ″)	2c 值 (″)	角度值 (° ′ ″)		盘左读数 (m)	盘右读数 (m)	平均值 (m)

表 7-9　闭合导线坐标计算

测站	角度观测值 (°　′　″)	角度改正值 (″)	改正后角度值 (°　′　″)	坐标方位角 (°　′　″)	边长 (m)	坐标增量 ΔX (m)	坐标增量 ΔY (m)	坐标增量改正值 dx (m)	坐标增量改正值 dy (m)	改正后坐标增量 ΔX′ (m)	改正后坐标增量 ΔY′ (m)	坐标 X (m)	坐标 Y (m)

辅助计算　　　　　草图

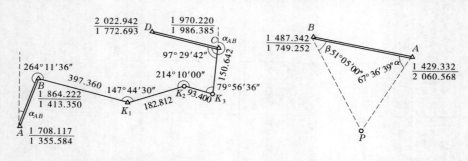

图 7-16　附合导线计算练习题　　　图 7-17　测角交会计算练习题

项目8 大比例尺地形图测绘

各种工程的规划设计阶段,都要应用不同比例尺的地形图,因此必须熟悉各种比例尺地形图的坐标系统和分幅编号方法,掌握地形图测绘的方法,并具有识图和用图的一些基本知识。

在地形图上表示的主要内容有地物与地貌两大类。地物是指地球表面上的具有明显轮廓的各种固定物体,可以分为自然地物与人工地物两类,如房屋、道路、森林等。地面上高低起伏的形态称为地貌,如高山、深谷和平原。地物和地貌合称为地形。

地形图的测绘是按照"先控制,后碎部"的原则进行的。在测区范围内先建立平面及高程控制网,然后根据控制点进行地物和地貌测绘。通过实地测量,将地面上各种地物、地貌的平面位置,按一定的比例尺,用《地形图图式》统一规定的符号和注记,缩绘在图纸上的平面图形,称为地形图,既表示地物的平面位置又表示地貌形态。只表示平面位置,不反映地貌形态的图,称为平面图或地物图。将地球上的若干自然、社会、经济等若干现象,按一定的数学法则采用综合原则绘成的图,称为地图。

测量主要是研究地形图,它是地球表面实际情况的客观反映,各项建设和国防工程建设都需要首先在地形图上进行规划、设计。

任务8.1 比例尺

8.1.1 地形图的比例尺

地形图上一段直线长度与地面上相应线段的实际水平长度之比,称为地形图的比例尺。常用数字比例尺和图示比例尺两种形式来表示。

数字比例尺是指直接用数字表示的比例尺,用分子为1的分数式来表示,即

$$\frac{d}{D} = \frac{1}{M} \tag{8-1}$$

式中 M——比例尺分母。

M 愈小,比例尺愈大,图上表示的地物地貌愈详尽。为了满足经济建设和国防建设的需要,测绘和编制了各种不同比例尺的地形图。通常称 1:500、1:1 000、1:2 000、1:5 000为大比例尺,其主要适用于城市和工程建设。称 1:1万、1:2.5万、1:5万、1:10万为中比例尺,它们是国家的基本图,采用航空摄影测量。称 1:20万、1:50万、1:100万为小比例尺,由中比例尺缩小编绘。

为了用图方便,以及减小因图纸伸缩而引起的使用中的误差,在绘制地形图时,常在

图上绘制图示比例尺。最常见的为"直线比例尺"。图8-1为1:500的直线比例尺。取2 cm长度为基本单位,将左端的一段基本单位又分成十等份,再从直线比例尺上直接可读得基本单位的1/10,可估读到1/100。

图示比例尺印刷于图纸下方,便于直接用分规在图上量取直线段的水平距离。

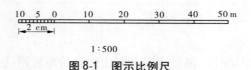

1:500

图8-1 图示比例尺

8.1.2 比例尺精度

人们用肉眼能分辨的图上最小距离为0.1 mm,因此在图上量度或实地测图描绘时,只能达到图上0.1 mm的正确性。因而我们把图上0.1 mm所代表的实际水平距离,称为比例尺精度。用ε表示,即$\varepsilon = 0.1 \text{ mm} \times M$。几种常用地形图的比例尺精度如表8-1所示。

表8-1 几种常用地形图的比例尺精度

比例尺	1:5 000	1:2 000	1:1 000	1:500
比例尺精度(m)	0.50	0.20	0.10	0.05

比例尺精度越高,比例尺就越大,利用比例尺精度,根据比例尺可以推算出测图时量距应准确到什么程度。例如,1:1 000地形图的比例尺精度为0.1 m,测图时量距的精度只需0.1 m,小于0.1 m的距离在图上表示不出来。反之,根据图上表示实地的最短长度,可以推算测图比例尺。例如,欲表示实地最短线段长度为0.5 m,则测图比例尺不得小于1:5 000。

比例尺愈大,采集的数据信息愈详细,精度要求就愈高,测图工作量和投资往往成倍增加,因此使用何种比例尺测图,应从实际需要出发,不应盲目追求更大比例尺的地形图。

任务8.2 地形图的分幅与编号

为了便于管理和使用地形图,需要将大面积的各种比例尺的地形图进行统一的分幅和编号。地形图的分幅分为两类:一类是按经纬线分幅的梯形分幅法,也称国际分幅法;另一类是按坐标格网分幅的矩形分幅法。前者用于中、小比例尺的国家基本图的分幅,后者用于城市大比例尺图的分幅。

8.2.1 地形图的国际分幅法

地形图的国际分幅由国际统一的经线为图的东、西边界,统一规定的纬线为图的南、北边界。

8.2.1.1　1:100 万比例尺地形图的分幅和编号

　　1:100 万比例尺地形图的分幅是从赤道起,向两极每隔纬差 4° 为一横行,依次以拉丁字母 A, B, C, …, V 表示;由经度 180° 起,自西向东每隔经差 6° 为一纵列,依次用 1, 2, 3, …, 60 表示。图 8-2 为"东半球北纬"1:100 万比例尺地形图的国际分幅和编号。

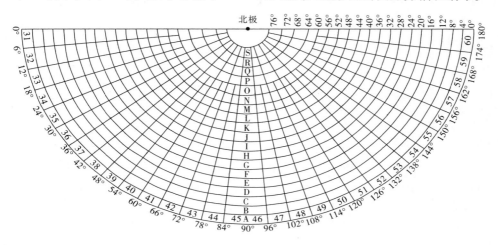

图 8-2　东半球北纬 1:100 万地图的国际分幅和编号

　　每幅图的编号,先写出横行的代号,再写出纵列的代号。如北京某处的地理坐标为北纬 39°56′23″、东经 116°22′53″,则所在的 1:100 万比例尺地形图的图幅号是 J – 50。

8.2.1.2　1:50 万~1:5 000 比例尺地形图的分幅和编号

　　1:50 万~1:5 000 比例尺地形图的分幅都由 1:100 万比例尺地形图加密划分而成,编号均以 1:100 万比例尺地形图为基础,采用代码行列编号方法,共有如下十位数码组成:

　　　　×　　　 ×× 　　　×　　　 ××× 　　　 ×××
　　第一位　第二、三位　第四位　第五、六、七位　第八、九、十位
　　其中:编号及代码
　　第一位——1:100 万分幅地形图行号
　　第二、三位——1:100 万分幅地形图列号
　　第四位——比例尺代码
　　第五、六、七位——图幅行号
　　第八、九、十位——图幅列号
　　各种比例尺地形图的代码及编号示例见表 8-2。

8.2.2　地形图的矩形分幅和编号

　　矩形分幅适用于大比例尺地形图,1:500、1:1 000、1:2 000、1:5 000 比例尺地形图图幅一般为 50 cm×50 cm 或 40 cm×50 cm,以纵横坐标的整千米或整百米数的坐标格网作为图幅的分界线,称为矩形或正方形分幅,以 50 cm×50 cm 图幅最常用。

表 8-2　地形图比例尺代码

比例尺	图幅大小		分幅代号	某地的图号
	经差	纬差		
1:100 万	6°	4°	横行 A、B、C、…、V 纵列 1、2、3、…、60	J-50
1:50 万	3°	2°	A、B、C、D	J-50-C
1:20 万	1°	40′	[1]、[2]、[3]、…、[36]	J-50-[15]
1:10 万	30′	20′	1、2、3、…、144	J-50-92
1:5 万	15′	10′	A、B、C、D	J-50-92-A
1:2.5 万	7′30″	5′	1、2、3、4	J-50-92-A-2
1:1 万	3′45″	2′30″	(1)、(2)、(3)、…、(64)	J-50-92-(3)
1:5 000	1′52.5″	1′15″	a、b、c、d	J-50-92-(3)-d
1:2 000	37.5″	25″	1、2、3、…、9	J-50-92-(3)-d-2

　　正方形分幅是以1:5 000 比例尺图为基础,取其图幅西南角 x 坐标和 y 坐标以千米为单位的数字,中间用连字符连接作为它的编号。

　　正方形矩形分幅的图廓规格见表8-3。

表 8-3　正方形及矩形分幅的图廓规格

比例尺	矩形分幅		正方形分幅		
	图幅大小 （cm×cm）	实地面积 （km^2）	图幅大小 （cm×cm）	实地面积 （km^2）	一幅 1:5 000 图 所含幅数
1:5 000	50×40	5	40×40	4	1
1:2 000	50×40	0.8	50×50	1	4
1:1 000	50×40	0.2	50×50	0.25	16
1:500	50×40	0.05	50×50	0.062 5	64

　　例如,某图西南角的坐标 $x = 3\ 510.0$ km, $y = 25.0$ km,则其编号为:3 510.0-25.0。1:5 000比例尺图四等分便得四幅1:2 000比例尺图;编号是在 1:5 000 比例尺图的图号后用连字符加各自的代号 Ⅰ、Ⅱ、Ⅲ、Ⅳ,如 3510.0-25.0-Ⅱ。

　　依此类推,1:2 000 比例尺图四等分便得四幅 1:1 000 比例尺图;1:1 000 比例尺图的编号是在 1:2 000 比例尺图的图号后用连字符附加各自的代号 Ⅰ、Ⅱ、Ⅲ、Ⅳ,如 3510.0-25.0-Ⅱ-Ⅳ。

　　1:1 000 比例尺图再四等分便得四幅 1:500 比例尺图;1:500 比例尺图的编号是在1:1 000比例尺图的图号后用连字符附加各自的代号 Ⅰ、Ⅱ、Ⅲ、Ⅳ,如 3 510.0-25.0-Ⅱ-Ⅳ-Ⅲ。

矩形图幅的编号,也是取其图幅西南角 x 坐标和 y 坐标(以千米为单位),中间用连字符连接作为它的编号。编号时,1:5 000 地形图,坐标取至 1 km;1:2 000、1:1 000 地形图坐标取至 0.1 km;1:500 地形图,坐标取至 0.01 km。

8.2.3 独立地区测图的特殊编号

以上是正方形与矩形分幅,都是按规范全国统一编号的,大型工程项目的测图也力求与国家或城市的分幅、编号方法一致。但有些独立地区的测图,或者由于与国家或城市控制网没有关系,或者由于工程本身保密的需要,或者小面积测图,也可以采用其他特殊的编号方法。

8.2.3.1 按坐标编号

第一种情况:当测区与国家控制网联测时,图幅编号为图幅所在投影带中央经线的经度-x 西南角(km)-y 西南角(km)如某 1:2 000 地形图的编号为"112°-3108.0-38 656.0",表示图幅所在投影带中央经线的经度为 112°,图幅西南角的坐标为 $x = 3\ 108$ km,$y = 38\ 656$ km(38 为投影带带号)。

第二种情况:当测区采用独立坐标系时,图幅编号为:测区坐标起算点的坐标(x,y)-图幅西南角纵坐标-图幅西南角横坐标,坐标以千米或百米为单位。如某图幅编号"30,30-12-18",表示测区起算点坐标为 $x = 30$ km、$y = 30$ km,图幅西南角坐标为 $x = 12$ km、$y = 18$ km。

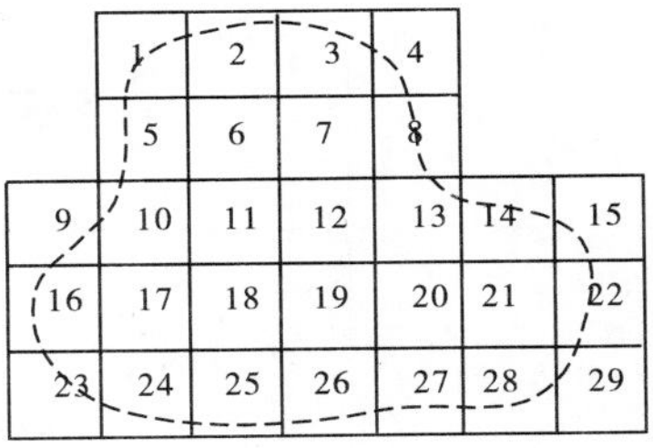

8.2.3.2 小面积独立测区的图幅编号

小面积独立测区的图幅编号可采用数字顺序进行编号。如图 8-3 所示,虚线表示测区范围,数字表示图幅编号,排列顺序一般从左到右、从上到下。

图 8-3 数字顺序编号

任务 8.3 地形图的图示符号

地形图图式是地形图上表示各种地物和地貌要素的符号、注记和颜色的规则和标准,是测绘和出版地形图必须遵守的基本依据之一,是由国家统一颁布执行的标准。统一标准的图式能够科学地反应实际场地的形态和特征,是人们识别和使用地形图的重要工具,是测图者和使用者沟通的语言。

8.3.1 地物的表示方法

地形图上表示地物类别、形状、大小及位置的符号称为地物符号。表 8-4 列举了一些地物符号,这些符号摘自国家测绘局颁发的《国家基本比例尺地图图式 第 1 部分:1:500、1:1 000、1:2 000 地形图图式》(GB/T 20257.1—2007)。表中各符号旁的数字表示该符号的尺寸,以 mm 为单位。根据地物形状大小和描绘方法的不同,地物符号可分为以下几种。

表8-4　常见的地物符号

编号	符号名称	图 例	编号	符号名称	图 例
1	坚固房屋 4-房屋层数	坚4　　1.5	10	旱 地	1.0 2.0 10.0 10.0
2	普通房屋 2-房屋层数	2　　1.5	11	灌木林	0.5 1.0
3	窑 洞 1.住人的 2.不住人的 3.地面下的	1⋔ 2.5 2⌂ 2.0 3 ⋔	12	菜 地	2.0 2.0 10.0 10.0
4	台 阶	0.5 0.5　0.5	13	高压线	4.0
5	花 圃	1.5 1.5　10.0 10.0	14	低压线	4.0
6	草 地	1.5 0.8　10.0 10.0	15	电 杆	1.0 o
7	经济作物地	0.8 3.0 蔗　10.0 10.0	16	电线架	
8	水生经济作物地	3.0 藕 0.5	17	砖、石及混凝土围墙	10.0 0.5 10.0 0.3
9	水稻田	0.2 2.0 10.0 10.0	18	土围墙	10.0 0.5
			19	栅栏、栏杆	1.0 10.0
			20	篱笆	1.0 10.0

8.3.1.1　比例符号

地物的形状和大小均按测图比例尺缩小,并用规定的符号绘在图纸上,这种地物符号称为比例符号。轮廓较大,形状和大小可以按测图比例尺缩小,植被、土壤用符号,边界一般用虚线,房屋可注记结构和层次,如房屋、湖泊、农田、森林等。

8.3.1.2　非比例符号

有些地物,轮廓较小,无法将其形状和大小按比例缩绘到图上,而采用相应的规定符号表示,这种符号称为非比例符号。非比例符号只能表示物体的位置和类别,不能用来确定物体的尺寸。非比例符号的中心位置与地物实际中心位置随地物的不同而异,在测图和用图时注意以下几点:

(1)规则几何图形符号,如圆形、三角形或正方形等,以图形几何中心代表实地地物中心位置,如水准点、三角点、钻孔等。

(2)宽底符号,如烟囱、水塔等,以符号底部中心点作为地物的中心位置。

(3)底部为直角形的符号,如独立树、风车、路标等,以符号的直角顶点代表地物中心位置。

(4)几种几何图形组合成的符号,如气象站、消火栓等,以符号下方图形的几何中心代表地物中心位置。

(5)下方没有底线的符号,如亭、窑洞等,以符号下方两端点连线的中心点代表实地地物的中心位置。

8.3.1.3　半比例符号

地物的长度可按比例尺缩绘,而宽度按规定尺寸绘出,这种符号称为半比例符号。用半比例符号表示的地物都是一些带状地物,如管线、公路、铁路、围墙。

有些地物除用相应的符号表示外,对于地物的性质、名称等在图上还需要用文字和数字加以注记,如房屋的结构和层数、地名、路名、单位名、等高线高程和散点高程以及河流的水深、流速等。

8.3.2　图名、图廓和接合图表

8.3.2.1　图名

为了区别各幅地形图所在的位置,每幅地形图上都编有图号。图号就是该图幅相应分幅方法的编号,标注在北图廓上方的中央、图名的下方,如图 8-4 所示。

8.3.2.2　图廓

图廓是地形图的边界线,有内、外图廓线之分。内图廓就是坐标格网线,也是图幅的边界线,用 0.1 mm 细线绘出。在内图廓线内侧,每隔 10 cm,绘出 5 mm 的短线,表示坐标格网线的位置。外图廓线为图幅的最外围边线,用 0.5 mm 粗线绘出。内、外图廓线相距 12 mm,在内外图廓线之间注记坐标格网线坐标值,如图 8-4 所示。

8.3.2.3　接合图表

为了说明本幅图与相邻图幅之间的关系,便于索取相邻图幅,在图幅左上角列出相邻图幅图名,斜线部分表示本图位置,如图 8-4 所示。

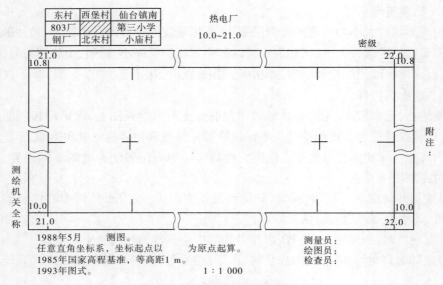

图 8-4 图名、图廓和接合图表

任务 8.4 地貌的表示方法

地貌的表示方法很多,大比例尺地形图中常用等高线表示地貌。

8.4.1 等高线

等高线是地面上高程相等的相邻点所连成的闭合曲线。水面静止的湖泊和池塘的水边线,实际上就是一条闭合的等高线。如图 8-5 所示,有一座位于平静湖水中的小山头,山顶被湖水恰好淹没时的水面高程为 100 m。然后水位下降 5 m,露出山头,此时水面与山坡就有一条交线,而且是闭合曲线,曲线上各点的高程是相等的,这就是高程为 95 m 的等高线。随后水位又下降 5 m,山坡与水面又有一条交线,这就是高程为 90 m 的等高线。依次类推,水位每降落 5 m,水面就与地表面相交留下一条等高线,从而得到一组高差为 5 m 的等高线。设想把这组实地上的等高线沿铅垂线方向投影到水平面 H 上,并按规定的比例尺缩绘到图纸上,就得到用等高线表示该山头地貌的等高线图。

8.4.2 等高距与等高线平距

相邻等高线之间的高差称为等高距,也称为等高线间隔,用 h 表示。相邻等高线之间的水平距离称为等高线平距,用 d 表示。h 与 d 的比值就是地面坡度 i

$$i = \frac{h}{dM} \tag{8-2}$$

式中 M——比例尺分母。

由于在同一幅地形图上等高距 h 是相同的,所以,地面坡度 i 与等高线平距 d 成反比。地面坡度较缓,其等高线平距较大,等高线显得稀疏;地面坡度较陡,其等高线平距较

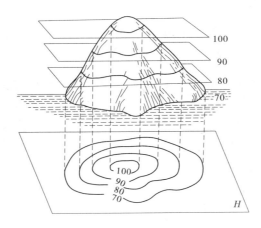

图 8-5　等高线

小,等高线十分密集。因此,可根据等高线的疏密判断地面坡度的缓与陡。即在同一幅地形图上,等高线平距 d 越大,坡度 i 越小;等高线平距 d 越小,坡度 i 越大,如果等高线平距相等,则坡度均匀。

　　等高距的选择,如果等高距过小,会使图上的等高线过密。如果等高距过大,则不能正确反映地面的高低起伏状况。所以,基本等高距的大小应根据测图比例尺与测区地形情况来确定。等高距的选用可参见表 8-5。

表 8-5　地形图的基本等高距

地形类别	比例尺			
	1:500	1:1 000	1:2 000	1:5 000
平地(地面倾角:$\alpha < 30°$)	0.5	0.5	1	2
丘陵(地面倾角:$3° \leqslant \alpha < 10°$)	0.5	1	2	5
山地(地面倾角:$10° \leqslant \alpha < 25°$)	1	1	2	5
高山地(地面倾角:$\alpha \geqslant 25°$)	1	2	2	5

8.4.3　几种基本地貌的等高线

　　地面的形状虽然复杂多样,但都可看成是由山头、洼地(盆地)、山脊、山谷、鞍部或陡崖和峭壁组成的。如果掌握了这些基本地貌的等高线特点,就能比较容易地根据地形图上的等高线,分析和判断地面的起伏状态,以利于读图、用图和测绘地形图。

8.4.3.1　山头和洼地的等高线

　　山头和洼地(又称盆地)的等高线都是一组闭合曲线。如图 8-6(a)所示,山头内圈等高线高程大于外圈等高线的高程;洼地则相反,如图 8-6(b)所示。这种区别也可用示坡线表示。示坡线是垂直于等高线并指示坡度降落方向的短线。示坡线往外标注的是山头,往内标注的则是洼地。

8.4.3.2　山脊与山谷的等高线

　　沿着一个方向延伸的高地称为山脊,山脊上最高点的连线称为山脊线或分水线。山

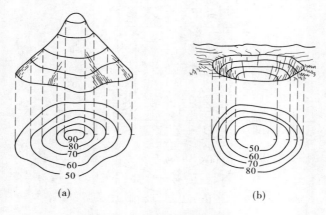

图 8-6　山头与洼地的等高线

脊的等高线是一组凸向低处的曲线,如图 8-7(a)所示。

在两山脊间沿着一个方向延伸的洼地称为山谷,山谷中最低点的连线称为山谷线。山谷的等高线是一组凸向高处的曲线,如图 8-7(b)所示。山脊线、山谷线与等高线正交。

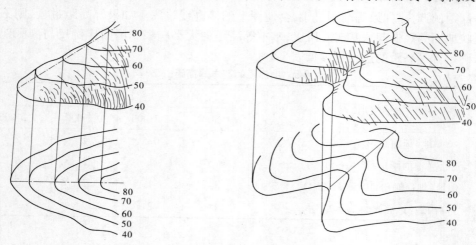

图 8-7　山脊和山谷的等高线

8.4.3.3　鞍部的等高线

相邻两山头之间呈马鞍形的低凹部分称为鞍部,鞍部是两个山脊和两个山谷会合的地方。鞍部的等高线由两组相对的山脊和山谷的等高线组成,即在一圈大的闭合曲线内,套有两组小的闭合曲线。如图 8-8 所示。

8.4.3.4　陡崖和悬崖的表示方法

坡度在 70°以上或为 90°的陡峭崖壁称为陡崖。陡崖处的等高线非常密集,甚至会重叠,因此在陡崖处不再绘制等高线,改用陡崖符号表示,如图 8-9 所示。图 8-9(a)为石质陡崖,图 8-9(b)为土质陡崖。

上部向外突出,中间凹进的陡崖称为悬崖,上部的等高线投影到水平面时与下部的等高线相交,下部凹进的等高线用虚线表示。悬崖的等高线如图 8-10 所示。

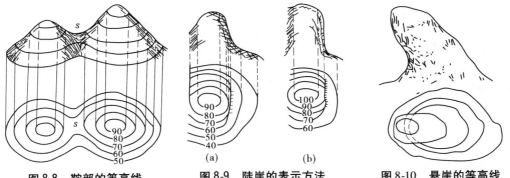

图 8-8 鞍部的等高线   图 8-9 陡崖的表示方法   图 8-10 悬崖的等高线

如图 8-11 所示为一综合性地貌的透视图及相应的地形图,可对照前述基本地貌的表示方法进行阅读。

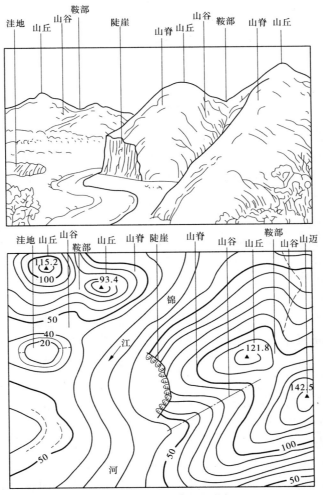

图 8-11 几种典型地貌的等高线

8.4.4 等高线的种类

8.4.4.1 首曲线

在同一幅地形图上,按规定的基本等高距描绘的等高线称为首曲线。首曲线用 0.15 mm 的细实线描绘。如图 8-12 中高程为 38 m、42 m 的等高线。

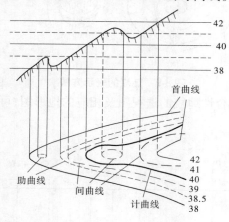

图 8-12 综合地貌及其等高线表示方法

8.4.4.2 计曲线

凡是高程能被 5 倍基本等高距整除的等高线称为计曲线,也称加粗等高线。为了计算和读图的方便,计曲线要加粗描绘并注记高程,计曲线用 0.3 mm 粗实线绘出。如图 8-12 中高程为 40 m 的等高线。

8.4.4.3 间曲线

为了显示首曲线不能表示出的局部地貌,按 1/2 基本等高距描绘的等高线称为间曲线,也称半距等高线。间曲线用 0.15 mm 的细长虚线表示。如图 8-12 中高程为 39 m、41 m 的等高线。

8.4.4.4 助曲线

用间曲线还不能表示出的局部地貌,可按 1/4 基本等高距描绘的等高线称为助曲线。助曲线用 0.15 mm 的细短虚线表示。如图 8-12 中高程为 38.5 m 的等高线。

8.4.5 等高线的特性

为了掌握用等高线表示地貌时的规律性,现将等高线的特性归纳如下:

(1)同一条等高线上各点的高程都相同。

(2)等高线是闭合曲线,如果不在本幅图内闭合,则必在图外闭合。

(3)除在悬崖和绝壁处外,等高线在图上不能相交,也不能重合。

(4)等高线平距小表示坡度陡,平距大表示坡度缓,平距相同表示坡度相等。

(5)等高线与山脊线、山谷线成正交。

任务 8.5　方格网绘制与图根点展绘

8.5.1　准备图纸

地形测绘一般选用一面打毛的乳白色半透明聚酯薄膜图纸,厚度 0.07～0.1 mm,经过热定型处理后变形率小于 0.4‰。聚酯薄膜图纸的优点是透明度好、伸缩性小、耐湿、便于使用和保管,并可直接在底图上上墨,复晒蓝图,加快了出图速度;其缺点是怕折、易燃。

8.5.2　绘制坐标格网

为了准确将控制点展绘在原图上,必须先在图纸上
精确绘制 10 cm × 10 cm 的坐标格网。绘制坐标格网
有直角坐标展点仪、格网尺等专用工具,也可以使用精
确直尺按对角线法绘制,如图 8-13 所示。

格网绘制好后要进行检查,要求 10 cm 方格边长
误差不超过 0.2 mm;小方格对角线长度误差不超过

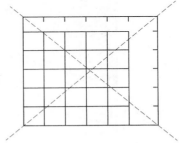

图 8-13　对角线法绘方格网

0.3 mm;对角线各点应在一条直线上,偏离不大于 0.2 mm。检查合格后在对应格网处注明坐标值和图幅编号。即使使用购买的印好坐标格网的图纸,仍需做精度检查。

8.5.3　展绘控制点

首先确定该点所在的方格,根据坐标尾数按测图比例尺量取确定。全部控制点展绘好后,用比例尺量取所绘控制点之间的相邻距离,比较与实际距离的差距,限差不超过 0.3 mm。超限的点应重新展绘。符合要求后用细针刺出点位,刺孔应小于 0.1 mm,并按图式规定注记点号和高程。

任务 8.6　经纬仪配合量角器测图

地形图测绘是以相似形理论为依据,以图解法为手段,按比例尺的缩小要求,将地面点测绘到平面图纸上而形成地形图的技术过程。地形图测绘分为测量和绘图两大步骤。

地形图测绘亦称碎部测量,即以图根点(控制点)为测站,测定出测站周围碎部点的平面位置和高程,并按比例缩绘于图纸上。由于按规定比例尺缩绘,图上碎部点连成的图形与实地碎部点连接的图形呈相似关系,其相似比值即地形图的比例尺数值。目前常用的地形图测绘方法有经纬仪测绘法和数字地形图测绘法。本次任务先来讲解经纬仪配合量角器测图。

8.6.1 地物的测绘

地物特征点是能够代表地物平面位置,反映地物形状、性质的特殊点位,简称地物点。如图 8-14 所示,如地物轮廓线的转折、交叉和弯曲等变化处的点、地物的形象中心、路线中心的交叉点,电力线的走向中心、独立地物的中心点等。

图 8-14 地物特征点

经纬仪测绘法操作简单、灵活,适用于各种类型的地区,其实质是按极坐标定点进行测图,其操作步骤如图 8-15 所示。

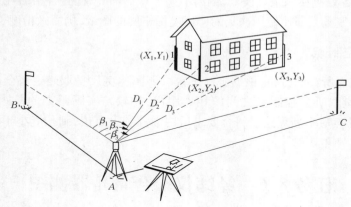

图 8-15 经纬仪测图法示意图

(1)安置仪器。经纬仪安置在测站点(控制点)上,量取仪器高,填入记录手簿。绘图板安置在测站旁。

(2)定向。后视另一控制点,使水平度盘读数为 $00°00'00''$。

(3)立尺。由立尺员选定立尺点,将水准尺竖立在地物、地貌特征点上。

(4)观测。转动照准部,瞄准特征点上的标尺,读视距间隔、中丝读数、竖盘读数和水平角。

(5)记录。将观测结果依次记入记录手簿。对有特殊作用的碎部点(如山头、鞍部等)应在备注中加以说明。

（6）计算。根据视距测量原理计算测站点到碎部点之间的水平距离以及碎部点的高程。

当视线水平时，两点之间的水平距离为

$$D = 100l \tag{8-3}$$

两点之间的高差为

$$h = i - \nu \tag{8-4}$$

式中　l, i, ν——视距尺间隔、仪器高和觇标高，m。

当视线倾斜时，两点之间的水平距离为

$$D = 100l \cos^2\delta \tag{8-5}$$

两点之间的高差为

$$h = D\tan\delta + i - \nu \tag{8-6}$$

式中　δ——竖直角。

由此时得碎部点的高程为

$$H_{碎} = H_{站} + h \tag{8-7}$$

（7）展绘碎部点。用细针将量角器插在图上测站点 A 处，转动量角器，使量角器上等于观测水平角值的分划线对准起始方向线 AB，则量角器的零方向就是测站到碎部点的方向，用测图比例尺按测得的水平距离在该方向上定出碎部点的位置，如图 8-16 所示，并在右侧注明高程。

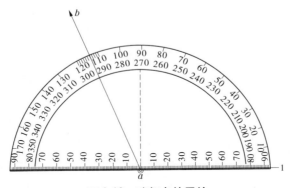

图 8-16　碎部点的展绘

同理，可测出本站所有碎部点的平面位置和高程，随测随绘。仪器搬至下一测站时，先观测前站所测的某些明显碎部点以检查两个测站所测的同一点平面位置和高程是否相符。如果测区范围大，可分成若干幅分别测绘，最后拼接。为了相邻图幅的拼接，每幅图应测出图廓外 5 mm。

地物的绘制。地物按图式符号表示，用铅笔绘制。房屋轮廓用直线连接，道路、河流的拐弯处要逐点连成光滑曲线。不依比例描绘的地物按规定的非比例符号表示。

8.6.2　等高线测绘

地貌特征点是体现地貌形态，反映地貌性质的特殊点，简称地貌点。如山顶、鞍部、边坡点、地性线、山脊点和山谷点等，地貌测量如图 8-17 所示。

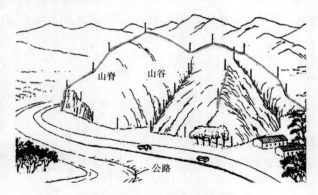

图 8-17　地貌特征点测量

地貌符号——等高线的勾绘。由于相邻两地形点选在地面坡度变化处,可以认为相邻两个地形点间的坡度是均匀的,因此在图纸上勾绘等高线时,各等高线的位置可以根据点的高程和图上两点间的平距用比例内插法确定。如图 8-18 所示。先用铅笔轻轻描绘出地性线,内插求等高线通过点,再勾绘等高线。

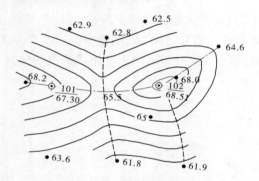

图 8-18　等高线的勾绘

在实际工作中,一般采用目估法勾绘等高线。勾绘等高线时,要对照实地情况,先画计曲线,后画首曲线,并注意等高线通过山脊线、山谷线的走向。

不能用等高线表示的地貌,如悬崖、峭壁、土堆、冲沟、雨裂等,应按图示符号表示。不同比例尺和不同地形,基本等高距也不同。

8.6.3　图的注记

8.6.3.1　拼接

当测区范围大时,需分幅测绘。由于测量误差和绘图误差的存在,相邻图幅在拼接处不能完全吻合。可利用聚酯薄膜的透明性,将相邻两幅图的坐标格网线重叠。为了图幅拼接的需要,测绘时规定应测出图廓外 0.5 cm 以上,拼接时用 3~5 cm 宽的透明纸带蒙在接图边上,把靠近图边的图廓线、格网线、地物、等高线描绘在纸带上,然后将相邻图幅与同一图边进行拼接,当误差在允许范围内时,可将相邻图幅按平均位置进行改正。

8.6.3.2　检查

1. 室内检查

室内检查应检查地物、地貌是否清晰易读,符号注记是否正确,地形点高程与等高线是否相符,拼接有无问题、有无矛盾可疑之处。

2.外业检查

外业检查包括巡视检查和仪器设站检查。巡视检查也称实地对照检查,包括检查地物、地貌有无遗漏、符号注记是否正确、等高线是否逼真等。仪器设站检查是根据室内和巡视检查所发现的问题野外设站检查,修正和补测发现的问题,同时对本站所测地形进行检查,看原测地形图是否符合要求。

8.6.3.3　整饰

在拼接和检查的工作基础上,为使图面清晰、美观、合理,需要进行整饰。整饰的顺序是先图内后图外、先地物后地貌、先注记后符号。再按图式要求写出图名、图号、比例尺、坐标系统、高程系统、测绘单位、测绘者和测绘日期等。清绘整饰后的地形图如图 8-19 所示。

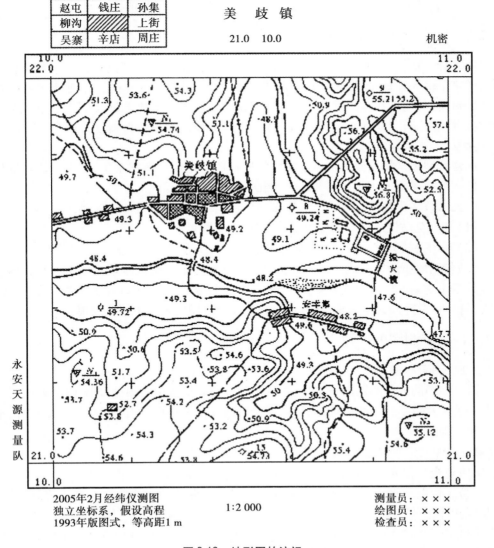

图 8-19　地形图的注记

134

图的注记:除公路、河流和等高线注记是随着各自的方向变化外,其他各种注记字向朝北,等高线高程注记字头指向上坡方向,避免倒置。等高线不能通过注记和地物。

任务 8.7　全站仪数字化测图

传统的地形测图实质上是将测得的观测值用图解的方法转化为图形。这一转化过程几乎都是在野外实现的,即使是原图的室内整饰,一般也要在测区驻地完成,因此劳动强度较大。同时,传统地形图测绘还存在如下缺点:

(1)传统的图解法测图是将观测值转化为线划地形图,"数—图"转换降低了数据精度。

(2)设计人员在用图过程中需进行"图—数"转换,将产生解析误差。

8.7.1　数字测图概述

随着计算机技术和信息技术的发展,将地形图信息通过电子测量仪器或数字化仪转换为数字量输入计算机,以数字形式存储在磁盘或存储介质上,既便于传输与直接获取地形的数量指标,也可在需要时通过显示器或用数控绘图仪绘制线划地形图,这就是数字化测图技术。数字化测图的优点是"数—数"过程不降低观测数据精度,成果易于存储、管理和共享。

通常将利用全站仪或其他设备在野外进行数字化地形数据采集,并由计算机辅助绘制大比例尺地形图的工作,称为数字化测图。

广义的数字化测图包括以下三方面:

(1)利用全站仪或其他测量仪进行野外数字化测图。

(2)利用手扶数字化仪或扫描数字化仪对传统方法测绘的原图进行数字化。

(3)借助解析测图仪或立体坐标量测仪对航空摄影或遥感影像进行数字化测图。

数字化测图的作业模式有两种:一种是野外测量记录,室内计算机成图的数字化测记模式;另一种是野外数据采集,便携式计算机实时成图的电子平板测绘模式。

8.7.2　数字测图的外业

8.7.2.1　测图准备工作

数字测图的外业测图准备工作包括:按规范检验所使用的测量仪器;安装调试所使用的电子手簿及数字化测图软件;通过数据接口或按菜单提示键入图根控制点的点号、平面坐标和高程。

8.7.2.2　测站设置检核

(1)将全站仪安置在测站点上,对中整平,量取仪器高。

(2)连接电子手簿,启动野外数据采集软件,按菜单提示键盘输入测站信息点号、后视点号、检核点号、仪器高等。

(3)根据所输入的点号可提取相应控制点的坐标,反算出后视方向的坐标方位角,以此角作为全站仪水平度盘的起始读数。

（4）瞄准检核点反射镜，测量水平角、竖直角和距离，输入反射镜高度，可自动解算出检核点的三维坐标，并与该点的已知信息进行比较。检核通过后，可继续进行碎部测量。

8.7.2.3 碎部点的信息采集

使全站仪处于测量状态，瞄准碎部点反射镜，按电子手簿或便携机的菜单提示输入碎部点信息，如镜站高度、地形信息编码等，由全站仪自动测水平角（方位角）、竖直角和距离，解算出碎部点的三维坐标。

8.7.3 数字测图的内业

实现内外业一体化数字测图的关键是要选择一种成熟的、技术先进的数字测图软件。目前，市场上比较成熟的大比例尺数字化测图软件主要有：广州南方测绘仪器公司（South）开发的 CASS 系列软件，北京威远图仪器公司（WelTop）开发的 SV300，广州开思测绘软件公司（SCS）开发的 SCS GIS2000 等。

CASS 地形地籍成图软件是基于 AutoCAD 平台技术的 GIS 前端数据处理系统。广泛应用于地形成图、地籍成图、工程测量应用、空间数据建库等领域，全面面向 GIS，彻底打通数字化成图系统与 GIS 接口，使用骨架线实时编辑、简码用户化、GIS 无缝接口等先进技术。自 CASS 软件推出以来，已经成为用户量最大、升级最快、服务最好的主流成图系统。

随着城市建设的广泛开展，对所需的大比例尺空间数据方便获取的要求越来越高。自 CASS 软件问世以来，先后推出 5.0、6.0、7.0、7.1、9.0、9.1 等版本，已成为用户量最大、升级最快、服务最好的主流成图系统。

数字化测图是首先要进行测区控制、碎部测量、测区分幅和人员安排等前期准备工作，然后将采集的空间数据输入计算机，通过专门的软件绘制平面图及等高线，并且在完成图形的分幅、整饰等编辑后，进行成果输出的过程。利用南方 CASS 地形图绘制流程如图 8-20 所示。

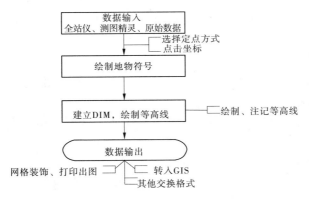

图 8-20 CASS 软件绘制地形图流程

数据进入 CASS 都要通过"数据"菜单，能通过全站仪、测图精灵和手工输入原始数据来输入。由于外业地形数据采集一般使用全站仪，所以最为常用的数据输入方式为读取全站仪数据，如图 8-21 所示。利用南方 CASS 读取全站仪数据的步骤如下：

（1）将全站仪与计算机连接后，选择"读取全站仪数据"。

（2）选择正确的仪器类型，并设置好端口、波特率、数据位、停止位、校验等相应参数。

（3）选择"CASS坐标文件"，输入文件名。

（4）点击"转换"，全站仪中的数据就转换为CASS数据格式并存储在指定路径（见图8-21）。

如果读取全站仪数据仪器类型选择下拉列表中无所需型号或无法通信，也可以通过仪器自带的传输软件将数据下载。

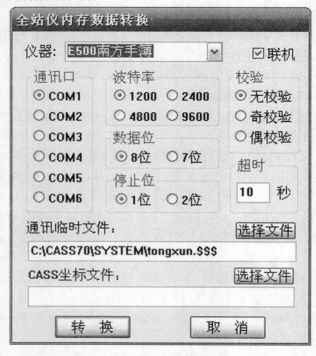

图8-21 "全站仪内存数据转换"对话框

8.7.4 内业作业方式

CASS可根据需要选用"草图法""简码法""白纸图数字化法""电子平板法"的作业模式，其中常用"草图法"和"简码法"。

"草图法"工作方式又称为"无码方式"，要求外业工作时在草图上标注出所测的是什么地物并记下所测点的点号，并保证与全站仪里记录的对应点号一致，数据采集时无需输入地物编码。"草图法"在内业工作时，根据作业方式的不同，分为"点号定位""坐标定位""编码引导"几种方法。以"草图法"的"点号定位"为例，用CASS7.0绘制数字地形图的流程如下。

8.7.4.1 定显示区

定显示区的作用是根据输入坐标数据文件的数据大小定义屏幕显示区域的大小，以保证所有点可见。

首先移动鼠标至"绘图处理"项,按左键,即出现如图 8-22 下拉菜单。

然后选择"定显示区"项,按左键,即出现一个对话窗如图 8-23 所示。

这时,需输入碎部点坐标数据文件名。可直接通过键盘输入,如在"文件(N)"(即光标闪烁处)输入 C:\CASS70\DEMO\YMSJ. DAT 后再移动鼠标至"打开(O)"处,按左键,也可参考 WINDOWS 选择打开文件的操作方法操作。这时,命令区显示:

$$最小坐标(米)X = 87.315, Y = 97.020$$
$$最大坐标(米)X = 221.270, Y = 200.00$$

8.7.4.2 选择测点点号定位成图法

移动鼠标至屏幕右侧菜单区之"坐标定位/点号定位"项,按左键,即出现图 8-23 所示的对话框。

输入点号坐标点数据文件名 C:\CASS70\DEMO\YMSJ. DAT 后,命令区提示:

读点完成! 共读入 60 点。

8.7.4.3 绘平面图

根据野外作业时绘制的草图,移动鼠标至屏幕右侧菜单区选择相应的地形图图式符号,然后在屏幕中将所有的地物绘制出来。系统中所有地形图图式符号都是按照图层来划分的,例如所有表示测量控制点的符号都放在"控制点"这一层,所有表示独立地物的符号都放在"独立地物"这一层,所有表示植被的符号都放在"植被园林"这一层。

(1)为了更加直观地在图形编辑区内看到各测点之间的关系,可以先将野外测点点号在屏幕中展出来。其操作方法是:先移动鼠标至屏幕的顶部菜单"绘图处理"项按左键,这时系统弹出一个下拉菜单。再移动鼠标选择"展点"项的"野外测点点号"项按左键,便出现同图 8-23 所示的对话框。输入对应的坐标数据文件名 C:\CASS70\DEMO\YMSJ. DAT 后,便可在屏幕展出野外测点的点号。

(2)根据外业草图,选择相应的地图图式符号在屏幕上将平面图绘出来。

如草图 8-24 所示, 由 33、34、35 号点连成一间普通房屋。移动鼠标至右侧菜单"居民地/一般房屋"处按左键,系统便弹出如图 8-25 所示的对话框。再移动鼠标到"四点房屋"的图标处按左键,图标变亮表示该图标已被选中,然后移鼠标至"OK"处按左键。这时命令区提示:

绘图处理(W) 地籍(J) 土地利

定 显 示 区

改变当前图形比例尺

展高程点

高程点建模设置

高程点过滤

高程点处理 ▶

展野外测点点号

展野外测点代码

展野外测点点位

切换展点注记

水上成图 ▶

展控制点

编码引导

简码识别

图幅网格(指定长宽)

加方格网

方格注记

批量分幅 ▶

批量倾斜分幅 ▶

标准图幅(50X50cm)

标准图幅(50X40cm)

任意图幅

小比例尺图幅

倾斜图幅

工程图幅 ▶

图纸空间图幅 ▶

图形梯形纠正

图 8-22 数据处理下拉菜单

图 8-23　选择测点点号定位成图法的对话框

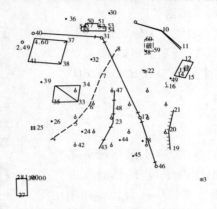

图 8-24　外业作业草图

　　绘图比例尺 1：输入 1 000　　回车。

　　已知三点/2. 已知两点及宽度/3. 已知四点 <1 >：输入 1　　　回车（或直接回车默认选 1）

　　说明：已知三点是指测矩形房子时测了三个点；已知两点及宽度则是指测矩形房子时测了二个点及房子的一条边；已知四点则是测了房子的四个角点。

　　点 P/ <点号 > 输入 33　　　回车

　　说明：点 P 是指由您根据实际情况在屏幕上指定一个点；点号是指绘地物符号定位点的点号（与草图的点号对应），此处使用点号。

　　点 P/ <点号 > 输入 34　　　回车

　　点 P/ <点号 > 输入 35　　　回车

　　这样，即将 33、34、35 号点连成一间普通房屋。

　　同样在"居民地/垣栅"层找到"依比例围墙"的图标，将 9、10、11 号点绘成依比例围墙的符号；在"居民地/垣栅"层找到"篱笆"的图标将 47、48、23、43 号点绘成篱笆的符号。完成这些操作后，其平面图如图 8-26 所示。

　　再把草图中的 19、20、21 号点连成一段陡坎，其操作方法：先移动鼠标至右侧屏幕菜

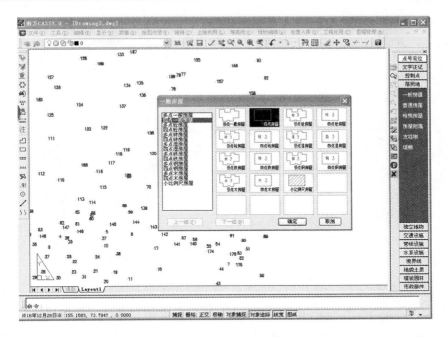

图 8-25 "居民地/一般房屋"图层图例

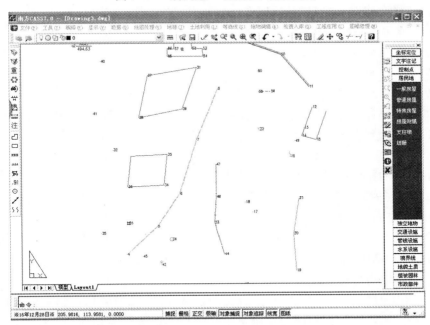

图 8-26 用"居民地"图层绘的平面图

单"地貌土质/坡坎"处按左键,这时系统弹出如图 8-27 所示的对话框。

移鼠标到表示未加固陡坎符号的图标处按左键选择其图标,再移鼠标到 OK 处按左键确认所选择的图标。命令区便分别出现以下的提示:

请输入坎高,单位:米 <1.0>:输入坎高　　回车(直接回车默认坎高 1 m)

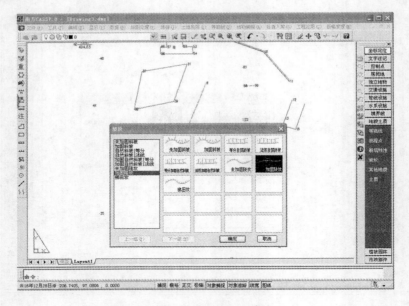

图 8-27 "地貌土质"图层图例

说明:在这里输入的坎高(实测的坎顶高程),系统将坎顶点的高程减去坎高得到坎底点高程,这样在建立(DTM)时,坎底点便参与组网的计算。

点 P/<点号>:输入 19   回车

点 P/<点号>:输入 20   回车

点 P/<点号>:输入 21   回车

点 P/<点号>:回车或按鼠标的右键,结束输入。

注:如果需要在点号定位的过程中临时切换到坐标定位,可以按"P"键,这时进入坐标定位状态,想回到点号定位状态时再次按"P"键即可。

拟合吗? <N>回车或按鼠标的右键,默认输入 N。

说明:拟合的作用是对复合线进行圆滑。

这时,便在 19、20、21 号点之间绘成陡坎的符号,如图 8-28 所示。注意:陡坎上的坎毛生成在绘图方向的左侧。

这样,重复上述的操作便可以将所有测点用地图图式符号绘制出来。在操作的过程中,您可以嵌用 CAD 的透明命令,如放大显示、移动图纸、删除、文字注记等。

8.7.4.4 绘制地物符号

如果采用"草图法"工作方式,根据外业绘制的草图,选择屏幕右侧菜单区相应的地形图图式符号,然后将所有的地物绘制出来。屏幕菜单区将地物划分为控制点、水系设施、居民地、独立地物、交通设施、管线设施、境界线、地貌土质、植被土质和市政部件十类。在地物符号绘制中,同一类符号被放在一个图层,例如:所有表示交通设施的符号都放在"交通设施"这一层。

为了更加直观地在图形编辑区内看到各测点间的相对位置关系,可以在屏幕中展野外测点点位完成后,将野外测点点号也展出来。通过屏幕右侧菜单区之"点号定位"和

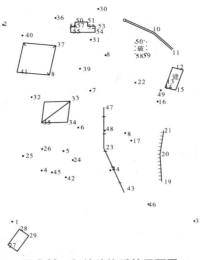

图 8-28　加绘陡坎后的平面图

"坐标定位"项的菜单,可以在两种定位方式间切换。如果采用"坐标定位",在"捕捉方式"设置的对话框中,将"对象捕捉"选项卡中"NOD"(节点)的选项选中。鼠标靠近某点,出现黄色标记,点击鼠标左键,完成捕捉工作。

8.7.4.5　绘制等高线

在地形图中,等高线是指由高程相等的相邻点连成的闭合曲线,等高线是表示地貌起伏的一种重要手段。相对于传统手工勾绘等高线,在南方 CASS 软件中,等高线是由计算机自动勾绘,生成的等高线精度相当高。

南方 CASS 菜单面板中"等高线"菜单项专门用于等高线绘制编辑。在绘制等高线之前,先将野外测的高程点建立数字地面模型(DTM),然后在数字地面模型上生成等高线。在绘制等高线时,充分考虑到等高线通过地性线和断裂线时情况的处理,如陡坎、陡涯等。CASS 提供了自动切除穿二线间、穿区域间的等高线等功能;而且提供了等高线注记和高程点过滤功能,完全满足等高线的修剪与注记。相对于其他数字化自动成图系统,CASS 所生成的等高线,由于采用了轻量线,文件大小小了很多。

在绘等高线之前,必须先将野外测的高程点建立数字地面模型(DTM),然后在数字地面模型上生成等高线。

1. 建立数字地面模型(构建三角网)

数字地面模型(DTM),是在一定区域范围内规则格网点或三角网点的平面坐标(x,y)和其地物性质的数据集合,如果此地物性质是该点的高程 Z,则此数字地面模型又称为数字高程模型(DEM)。这个数据集合从微分角度三维地描述了该区域地形地貌的空间分布。DTM 作为一种新兴的数字产品,与传统的矢量数据相辅相成,各领风骚,在空间分析和决策方面发挥越来越大的作用。借助计算机和地理信息系统软件,DTM 数据可以用于建立各种各样的模型解决一些实际问题,主要的应用有:按用户设定的等高距生成等高线图、透视图、坡度图、断面图、渲染图、与数字正射影像 DOM 复合生成景观图,或者计算特定物体对象的体积、表面覆盖面积等,还可用于空间复合、可达性分析、表面分析、扩散分析等方面。

我们在使用 CASS7.0 自动生成等高线时,应先建立数字地面模型。在这之前,可以先"定显示区"及"展点","定显示区"的操作与任务 8.6"草图法"中"点号定位"法的工作流程中的"定显示区"的操作相同,出现图 8-29 所示界面要求输入文件名时找到该如下路径的数据文件"C:\CASS70\DEMO\DGX.DAT"。展点时可选择"展高程点"选项,如图 8-29 所示下拉菜单。

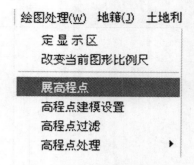

图 8-29 绘图处理下拉菜单

要求输入文件名时在"C:\CASS70\DEMO\DGX.DAT"路径下选择"打开"DGX.DAT 文件后命令区提示:

注记高程点的距离(米):根据规范要求输入高程点注记距离(即注记高程点的密度),回车默认为注记全部高程点的高程。这时,所有高程点和控制点的高程均自动展绘到图上。

(1)移动鼠标至屏幕顶部菜单"等高线"项,按左键。

(2)移动鼠标至"建立 DTM"项,该处以高亮度(深蓝)显示,按左键,出现如图 8-30 所示对话窗。

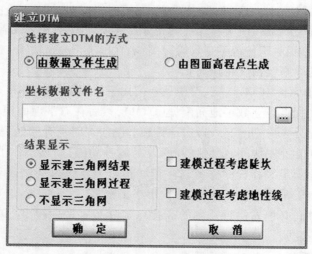

图 8-30 选择建模高程数据文件

首先选择建立 DTM 的方式,分为两种方式:由数据文件生成和由图面高程点生成,如果选择由数据文件生成,则在坐标数据文件名中选择坐标数据文件;如果选择由图面高程点生成,则在绘图区选择参加建立 DTM 的高程点。然后选择结果显示,分为三种:显示建三角网结果、显示建三角网过程和不显示三角网。最后选择在建立 DTM 的过程中是否考虑陡坎和地性线。

点击确定后生成如图 8-31 所示的三角网。

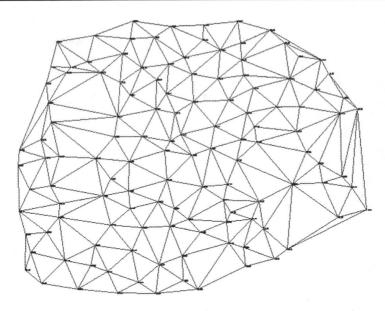

图 8-31　用 DGX. DAT 数据建立的三角网

2. 修改数字地面模型(修改三角网)

一般情况下,由于地形条件的限制在外业采集的碎部点很难一次性生成理想的等高线,如楼顶上控制点。另外,还因现实地貌的多样性和复杂性,自动构成的数字地面模型与实际地貌不太一致,这时可以通过修改三角网来修改这些局部不合理的地方。

(1)删除三角形。

如果在某局部内没有等高线通过,则可将其局部内相关的三角形删除。删除三角形的操作方法是:先将要删除三角形的地方局部放大,再选择"等高线"下拉菜单的"删除三角形"项,命令区提示选择对象,这时便可选择要删除的三角形,如果误删,可用"U"命令将误删的三角形恢复。删除三角形后如图 8-32 所示。

(2)过滤三角形。

可根据用户需要输入符合三角形中最小角的度数或三角形中最大边长最多大于最小边长的倍数等条件的三角形。如果出现 CASS7.0 在建立三角网后点无法绘制等高线,可过滤掉部分形状特殊的三角形。另外,如果生成的等高线不光滑,也可以用此功能将不符合要求的三角形过滤掉再生成等高线。

(3)增加三角形。

如果要增加三角形,可选择"等高线"菜单中的"增加三角形"项,依照屏幕的提示在要增加三角形的地方用鼠标点取,如果点取的地方没有高程点,系统会提示输入高程。

(4)三角形内插点。

选择此命令后,可根据提示输入要插入的点:在三角形中指定点(可输入坐标或用鼠标直接点取),提示高程(米)=　　时,输入此点高程。通过此功能可将此点与相邻的三角形顶点相连构成三角形,同时原三角形会自动被删除。

(5)删三角形顶点。

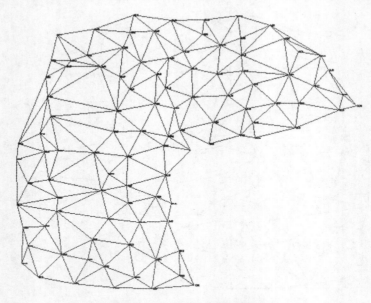

图 8-32　将右下角的三角形删除

用此功能可将所有由该点生成的三角形删除。因为一个点会与周围很多点构成三角形,如果手工删除三角形,不仅工作量较大而且容易出错。这个功能常用在发现某一点坐标错误时,要将它从三角网中剔除的情况下。

(6)重组三角形。

指定两相邻三角形的公共边,系统自动将两三角形删除,并将两三角形的另两点连接起来构成两个新的三角形,这样做可以改变不合理的三角形连接。如果因两三角形的形状特殊无法重组,会有出错提示。

(7)删三角网。

生成等高线后就不再需要三角网了,这时如果要对等高线进行处理,三角网比较碍事,可以用此功能将整个三角网全部删除。

(8)修改结果存盘。

通过以上命令修改了三角网后,选择"等高线"菜单中的"修改结果存盘"项,把修改后的数字地面模型存盘。这样,绘制的等高线不会内插到修改前的三角形内。

注意:修改了三角网后一定要进行此步操作,否则修改无效!

当命令区显示"存盘结束!"时,表明操作成功。

3. 绘制等高线

完成本节的第一、二步准备操作后,便可进行等高线绘制。等高线的绘制可以在绘平面图的基础上叠加,也可以在"新建图形"的状态下绘制。如在"新建图形"状态下绘制等高线,系统会提示您输入绘图比例尺。

用鼠标选择"等高线"下拉菜单的"绘制等高线"项,弹出如图 8-33 所示对话框。

对话框中会显示参加生成 DTM 的高程点的最小高程和最大高程。如果只生成单条等高线,那么就在单条等高线高程中输入此条等高线的高程;如果生成多条等高线,则在

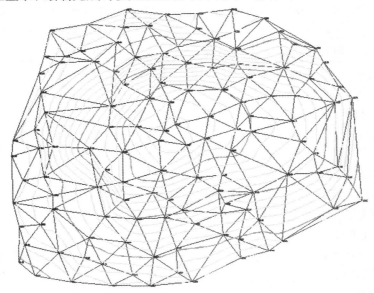

图 8-33　绘制等高线对话框

等高距框中输入相邻两条等高线之间的等高距。最后选择等高线的拟合方式。总共有四种拟合方式：不拟合（折线）、张力样条拟合、三次 B 样条拟合和 SPLINE 拟合。观察等高线效果时，可输入较大等高距并选择不光滑，以加快速度。如选拟合方法 2，则拟合步距以 2 m 为宜，但这时生成的等高线数据量比较大，速度会稍慢。测点较密或等高线较密时，最好选择光滑方法 3，也可选择不光滑，过后再用"批量拟合"功能对等高线进行拟合。选择 4 则用标准 SPLINE 样条曲线来绘制等高线，提示请输入样条曲线容差：＜0.0＞，容差是曲线偏离理论点的允许差值，可直接按回车键。SPLINE 线的优点在于即使其被断开后仍然是样条曲线，可以进行后续编辑修改，缺点是较选项 3 容易发生线条交叉现象。

当命令区显示：绘制完成！，便完成绘制等高线的工作，如图 8-34 所示。

图 8-34　完成绘制等高线的工作

4. 等高线的修饰

（1）注记等高线。

用"窗口缩放"项得到局部放大图，再选择"等高线"下拉菜单之"等高线注记"的"单个高程注记"项。

命令区提示：

选择需注记的等高（深）线：移动鼠标至要注记高程的等高线位置，如图 8-35 之位置 A，按左键；

依法线方向指定相邻一条等高（深）线：移动鼠标至如图 8-35 之等高线位置 B，按左键。

等高线的高程值即自动注记在 A 处，且字头朝 B 处。

（2）等高线修剪。

左键点击"等高线/等高线修剪/批量修剪等高线"，弹出如图 8-36 所示对话框。

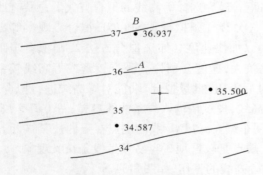

图 8-35　等高线高程注记

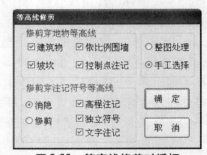

图 8-36　等高线修剪对话框

首先选择是消隐还是修剪等高线，然后选择是整图处理还是手工选择需要修剪的等高线，最后选择地物和注记符号，单击确定后会根据输入的条件修剪等高线。

（3）切除指定二线间等高线。

命令区提示：

选择第一条线：用鼠标指定一条线，例如选择公路的一边。

选择第二条线：用鼠标指定第二条线，例如选择公路的另一边。

程序将自动切除等高线穿过此二线间的部分。

（4）切除指定区域内等高线。

选择一封闭复合线，系统将该复合线内所有等高线切除。注意，封闭区域的边界一定要是复合线，如果不是，系统将无法处理。

（5）等值线滤波。

此功能可在很大程度上给绘制好等高线的图形文件减肥。一般的等高线都是用样条拟合的，这时虽然从图上看出来的节点数很少，但事实却并非如此。以高程为 38 的等高线为例说明，如图 8-37 所示。

选中等高线，会发现图上出现了一些夹持点，千万不要认为这些点就是这条等高线上实际的点。这些只是样条的锚点。要还原它的真面目，请做下面的操作：

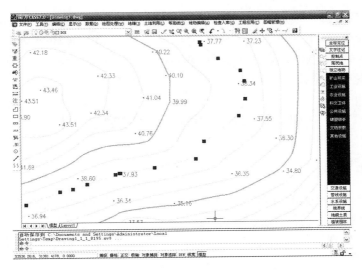

图 8-37　剪切前等高线夹持点

用"等高线"菜单下的"切除穿高程注记等高线",然后看结果,如图 8-38 所示。

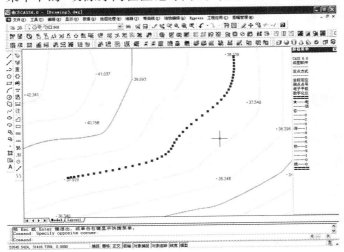

图 8-38　剪切后等高线夹持点

这时,在等高线上出现了密布的夹持点,这些点才是这条等高线真正的特征点,所以如果看到一个很简单的图在生成了等高线后变得非常大,原因就在这里。如果想将这幅图的尺寸变小,用"等值线滤波"功能就可以了。执行此功能后,系统提示如下:

请输入滤波阈值:<0.5 米 > 这个值越大,精简的程度就越大,但是会导致等高线失真(变形),因此用户可根据实际需要选择合适的值。一般选系统默认的值就可以了。

8.7.4.6　数据输出与管理

图纸管理是数字化成图工作结束后将要面临的另一项重要工作。绘制的数字化地形图可以在设置好相应参数后,直接打印出图,同时具有数字地图管理功能。南方 CASS 成图系统使成图单位和用图单位都可以非常方便查找和显示任一测区的任一图幅,通过建立图幅信息库、宗地图纸信息库,实现数字地图的查找、显示和管理。

地理信息系统作为有关空间数据管理、空间信息分析及传播的计算机系统,GIS 对数字化图的精确度、准确度有很高的要求。CASS 全面面向 GIS,例如:新版南方 CASS9.1 提供了 CAS 交换文件、DXF 文件、SHP 文件、MIF/MID 文件接口以及国家空间矢量格式,满足 CASS 数字化地形图数据图形转入多种类的 GIS 软件。

任务 8.8　平面图测绘实训

8.8.1　目的

(1)以提高学生掌握测量知识与基本操作技能积极性为目的,利用平面图测绘实训,检验学生掌握理论知识与实践技能的程度。

(2)检验学生现场分析问题和解决问题的能力、组织管理与团队协作能力、适应实践需求的应变能力。

8.8.2　仪器工具

全站仪 1 台、棱镜 1 个、草图绘图纸若干、CASS 成图软件 1 套;自带器材:铅笔、计算器。

8.8.3　步骤

实训内容:1∶500 数字测图,小组成员共同完成规定区域内碎部点数据采集和编辑成图。

(1)准备工作:辅导老师讲授实习内容和注意事项。

(2)选点打桩:在测区选若干个导线点,根据需要布置导线形式。要求导线点间通视良好,没有障碍物。桩点标志埋设 10 cm 长,顶面锯成十字的钢条。

(3)地形数据采集与传输。

(4)地形图测绘:CASS 成图软件提供了"草图法""简码法""电子平板法""数字化仪录入法"等多种成图作业方式。可根据测区地形选择适宜的成图方式,例如:采用"草图法"绘制 50 cm×50 cm 标准图幅地形图。

(5)地形图的拼接:将整个测区绘制在一图幅内。

(6)清绘、整饰、检查、验收。

8.8.4　注意事项

(1)图根控制点的数量不做要求,但图上应表示作为测站点的图根控制点。

(2)需要按规范要求表示等高线和高程注记点。

(3)绘图:按图示要求进行点、线、面状地物绘制和文字、数字、符号注记。注记的文字采用仿宋体。

(4)图廓整式内容:采用任意分幅(四角坐标注记单位为 m,取至 50 m 整数倍)、图名、测图比例尺、内图廓线及其四角的坐标注记、外图廓线、坐标系统、高程系统、等高距、图式版本和测图时间。

8.8.5　记录计算

（1）原始测量数据文件。

（2）野外草图（见表 8-6）和 dwg 格式的地形图文件。

（3）实习报告 1 份。

表 8-6　草图记录

测站名称：　　　　　仪器型号：　　　　　天气：　　　　　记录者：

习题与作业

1. 什么叫比例尺精度？它在实际测量工作中有何意义？

2. 地形分成哪两大类？

3. 什么是比例符号、非比例符号和注记符号？分别在什么情况下应用？

4. 简述等高线的特性。

5. 名词解释：等高线；等高距；等高线平距。

6. 地形图的应用包括哪些方面？

7. 试计算施测实地面积约为 2 km² 的地形图，需要 1:500、1:2 000 比例尺正方形图幅各多少幅？

8. 何谓坡度？在地形图上怎样确定两点间的坡度？

9. 为了把货物从河边码头 A 点运到火车站 B，欲从 A 点到 B 点选择一条公路，允许最大坡度为 8%，试在图 8-39 中画出此路线。

10. 根据图 8-40，试画出沿 AB 方向作纵断面图。

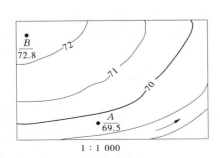

图 8-39　某设计用地形图

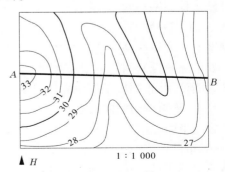

图 8-40　某地形图

模块4　施工测量应用

项目9　施工测量的基本工作与施工控制测量

任务9.1　施工测量的基本知识

9.1.1　施工测量概述

各种工程在施工阶段所进行的测量工作称为施工测量。包括:施工前施工控制网的建立;施工期间将图纸上所有设计的建(构)筑物的平面位置和高程测设到相应的地面上;工程竣工后测绘各建(构)筑物的实际位置和高程;以及在施工和管理期间对建(构)筑物进行变形和沉降观测等。

测设的工作原则和测图工作一样,必须遵循"从整体到局部""先控制后碎部"的测量原则。一般是先根据施工的需要建立施工控制网;再由控制网测设建筑物的主轴线,以主轴线来控制整个建筑物的位置,以保证各建筑物的相互位置关系满足设计要求;主轴线确定后,再根据它来测设建筑物的碎部。

9.1.2　施工控制网的布设

施工控制网与测图控制网一样,分为平面控制网和高程控制网两种。与测图控制网相比,施工控制网的控制范围小,控制点密度大,精度高,使用频繁,容易受施工干扰;局部控制网的精度往往高于整体控制网的精度。施工控制网的主要任务是测设建筑物的主轴线。如果测图控制网的精度和密度能够满足施工放样的要求,可以将测图控制网作为施工控制网使用,否则应重新建立施工控制网。

9.1.2.1　平面控制网的布设

施工平面控制网一般分两级布设,一级为基本网,组成基本网的控制点称为基本控制点,一般布设在施工区域以外不受施工影响的地方,基本网用于加密施工控制网或测设建筑物的主轴线;另一级为施工放样网,一般布设在施工区域内,用于放样建筑物的辅助轴线和建筑物的碎部点。

平面控制网常常采用三角网、边角网、导线网、建筑基线和建筑方格网等几种形式。采用何种形式的控制网,应根据建(构)筑物的性质、规模、地形和施工方案等条件而定。对于山区和丘陵地区,常常采用三角网、边角网的形式;对于平坦地区,大多采用导线网形式;对于平坦且建筑物分布较规则的场地,常采用建筑方格网;对于面积较小的建筑区,往往布设一条或几条建筑基线作为控制网。

9.1.2.2 高程控制网的布设

施工高程控制网采用水准测量方法建立,通常也分两级布设。一级水准网与施工区域附近的国家水准点联测,布设成闭合或附合水准路线,称为基本网;基本网中的水准点称为水准基点,它是整个施工期间高程控制的依据;水准基点应布设在施工影响范围以外、地质条件良好的地方,施测精度一般应在三等以上;水准基点应按规范要求埋设永久性固定标志。二级水准网,是基本网的加密网,加密网中的水准点一般为临时水准点;为便于放样时直接引测高程,临时水准点应布设在靠近建筑物的位置处,其高程一般采用四等水准测量方法引测,并根据不同情况设置各种临时水准标志。

9.1.2.3 测量坐标系与施工坐标系的转换

建筑物的规划设计一般是在地形图上进行的,因此建筑物的平面位置可以用测图坐标来表示。但是为了便于获得放样数据和便于施工放样,设计图上常常以建筑物的主轴线为基准建立另外一种独立的平面直角坐标系,这种坐标系称为施工坐标系。建筑物各轮廓点的平面位置以施工坐标来表示。这样,在建筑物的测设过程中,要时常进行测量坐标系与施工坐标系间的换算。下面给出两种坐标系间的换算公式。

如图 9-1 所示,设 xOy 为测量坐标系,$AO'B$ 为施工坐标系。若已知施工坐标系的原点 O' 在测量坐标系中的坐标 xO'、yO' 以及纵轴的旋转角(方位角)α,则 P 点的施工坐标(AP,BP)换算成测量坐标(x_P,y_P)的公式为

$$\left.\begin{array}{l} x_P = x_{0'} + A_P\cos\alpha - B_P\sin\alpha \\ y_P = y_{0'} + A_P\sin\alpha + B_P\cos\alpha \end{array}\right\} \quad (9\text{-}1)$$

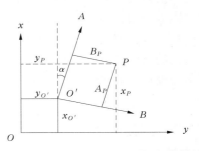

图 9-1 测量坐标系与施工坐标系的转换

由测量坐标换算为施工坐标的公式为

$$\left.\begin{array}{l} A_P = (x_P - x_{0'})\cos\alpha + (y_P - y_{0'})\sin\alpha \\ B_P = -(x_P - x_{0'})\sin\alpha + (y_P - y_{0'})\cos\alpha \end{array}\right\} \quad (9\text{-}2)$$

任务 9.2 测设的基本工作

测设已知水平距离是从地面一已知点开始,沿已知方向测设出给定的水平距离以定出第二个端点的工作。根据测设的精度要求不同,可分为一般测设方法和精确测设方法。

9.2.1 用钢尺测设水平距离

9.2.1.1 一般方法

在地面上,由已知点开始,沿给定方向,用钢尺量出已知水平距离定出点。

9.2.1.2 精确方法

当水平距离的测设精度要求较高时,按照上面一般方法在地面测设出的水平距离,还应再加上尺长、温度和高差3项改正,但改正数的符号与精确量距时的符号相反,即

$$S = D - \Delta_l - \Delta_t - \Delta_h \tag{9-3}$$

式中　S——实地测设的距离;

　　　D——待测设的水平距离;

　　　Δ_l——尺长改正数,$\Delta_l = \dfrac{\Delta l}{l_0}D$,$l_0$ 和 Δl 分别是所用钢尺的名义长度和尺长改正数;

　　　Δ_t——温度改正数,$\Delta_t = \alpha D(t - t_0)$,$\alpha = 1.25 \times 10^{-5}$ 为钢尺的线膨胀系数,t 为测设时的温度,t_0 为钢尺的标准温度,一般为 $20\ ℃$;

　　　Δ_h——倾斜改正数,$\Delta_h = -\dfrac{h^2}{2D}$,$h$ 为线段两端点的高差。

9.2.2 用红外测距仪精确测设水平距离

安装红外测距仪于测站点,照准已知方向。沿此方向移动反射棱镜位置,使仪器显示的距离值略大于欲测设的距离值 D,定出一临时点位。在临时点位安装反射棱镜,测出反射棱镜的竖直角以及斜距,计算水平距离 D'。然后根据 D' 与 D 的差值 ΔD 前后移动棱镜,直至测设的距离等于设计距离 D 为止。如果用全站仪测设水平距离,则更为方便,它能自动的将倾斜距离换算成水平距离并直接显示。当显示值等于设计的水平距离值或测量值与设计值的差值为零时,即可定出点位,得到设计长度。

$$\Delta D = D - D' \tag{9-4}$$

9.2.3 测设已知水平角

测设已知水平角就是根据一已知方向测设出另一方向,使它们的夹角等于给定的设计角值。按测设精度要求不同分为一般方法和精确方法。

9.2.3.1 一般方法

当测设水平角精度要求不高时,可采用此法,即用盘左、盘右取平均值的方法。如图 9-2 所示,设 OA 为地面上已有方向,欲测设水平角 β,在 O 点安置经纬仪,以盘左位置瞄准 A 点,配置水平度盘读数为0。转动照准部使水平度盘读数恰好为 β 值,在视线方向定出 B_1 点。然后用盘右位置,重复上述步骤定出 B_2 点,取 B_1 和 B_2 中点 B,则 $\angle AOB$ 即为测设的 β 角。该方法也称为盘左盘右分中法。

9.2.3.2 精密方法

如图 9-3 所示,在 O 点安置经纬仪,先用一般方法测设 β 角值,在地面上定出 B' 点,然后用测回法观测 $\angle AOB'$ 几个测回(测回数由精度要求决定),取各测回的平均值为 β',即

$\angle AOB' = \beta'$。设 $\Delta\beta = \beta - \beta'$，根据 OB' 的长度和 $\Delta\beta$ 可计算过 B' 点且垂直于 OB' 方向的改正值 $B'B$，即

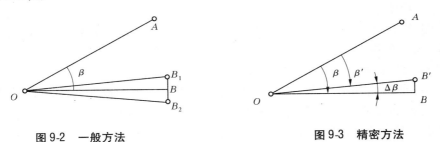

| 图 9-2 　一般方法 | 图 9-3 　精密方法 |

$$B'B = OB'\tan\Delta\beta \approx OB' \times \frac{\Delta\beta}{\rho} \tag{9-5}$$

过 B' 点作 OB' 的垂线，自 B' 点起沿垂线方向量取 $B'B$，定出 B 点，则 $\angle AOB$ 就是要测设的 β 角。当 $\Delta\beta < 0$ 时，说明 $\angle AOB'$ 偏小，应沿 OB' 垂线方向向外改正；反之，应向内改正。

9.2.4　测设已知高程

已知高程的测设，就是根据附近已知水准点，采用水准测量方法，在给定的点位上标定出给定高程的位置。根据现场情况的不同，可采用不同的测设方法。

9.2.4.1　视线高程法

如图 9-4 所示，欲根据水准点 A 的高程 H_A，测设 B 点，使其高程为设计高程 H_B。测设方法如下：

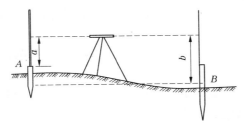

图 9-4　视线高程法

（1）安置水准仪于 A 与 B 点中间，整平仪器。

（2）后视水准点 A 上的立尺，读得后视读数为 a，则仪器的视线高 $H_i = H_A + a$；于是算得 B 点立尺上应有的前尺读数 $b = H_i - H_B$。

（3）将 B 点上水准尺紧贴 B 点木桩侧面上下移动，直至前视读数为 b 时，在桩侧面沿尺底画一横线，此线即为设计高程 H_B 的位置。

如果地面坡度较大，无法将设计高程在木桩一侧标出时，可立尺于桩顶，读取桩顶上的前视读数，根据下式计算出桩顶改正数

$$桩顶改正数 = 桩顶前视读数 - 应读前视读数$$

假如应读前视读数是 1.800 m，桩顶前视读数是 1.650 m，则桩顶改正数为 -0.150

m，表示设计高程的位置在自桩顶往下量0.150 m处，可在桩顶上注"向下0.150 m"即可。如果改正数为正，说明桩顶低于设计高程，应自桩顶向上量改正数得设计高程。

9.2.4.2 **高程传递法**

当欲测设的高程与已知高程间的高差较大，单靠水准尺不能测设时，可借助于钢卷尺进行高程传递（俗称"大高差测设"）。传递高程有从低处向高处传递和从高处往低处传递两种情况，其方法相同。现以高处向低处传递为例进行说明。

如图9-5所示，欲根据地面水准点 A 测定基坑内 B 点处的设计高程 H_B，可在坑边的木杆上悬挂钢尺（零点朝下），下端挂10 kg重锤，在地面上和坑内各安置一台水准仪，分别读取地面水准点 A 的水准尺读数 a 和钢尺读数 b 及 c，则可根据 A 的已知高程 H_A、B 点的设计高程 H_B，按式（9-6）求得 B 点上应有的立尺读数 d，即

$$d = (H_A + a) - (b - c) - H_B \tag{9-6}$$

仿照前述同样的方法在 B 点处的木桩上标定设计高程位置即可。

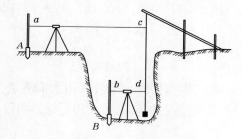

图9-5 高程传递法

任务9.3 点的平面位置的测设

点的平面位置测设是根据已布设好的控制点的坐标和待测设点的坐标，反算出测设数据，即控制点和待测设点之间的水平距离和水平角，再利用上述测设方法标定出设计点位。根据所用的仪器设备、控制点的分布情况、测设场地地形条件及测设点精度要求等条件，可以采用以下几种方法进行测设工作。

9.3.1 直角坐标法

直角坐标法是建立在直角坐标原理基础上测设点位的一种方法。当建筑场地已建立有相互垂直的主轴线或建筑方格网时，一般采用此法。

如图9-6所示，A、B、C、D 为建筑方格网或建筑基线控制点，1、2、3、4 点为待测设建筑物轴线的交点，建筑方格网或建筑基线分别平行于或垂直于待测设建筑物的轴线。根据控制点的坐标和待测设点的坐标可以计算出两者之间的坐标增量。下面以测设1、2点为例，说明测设方法。

首先计算出 A 点与1、2点之间的坐标增量，即

$$\Delta x_{A1} = x_1 - x_A, \quad \Delta y_{A1} = y_1 - y_A$$

测设1、2点平面位置时，在 A 点安置经纬仪，照准 C 点，沿此视线方向从 A 沿 C 方向

测设水平距离 Δy_{A1} 定出 1'点。再安置经纬仪于 1'点,盘左照准 C 点(或 A 点),转 90°给出视线方向,沿此方向分别测设出水平距离 Δx_{A1} 和 Δx_{12} 定 1、2 两点。同法以盘右位置定出再定出 1、2 两点,取 1、2 两点盘左和盘右的中点即为所求点位置。

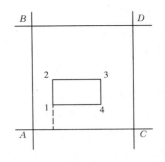

采用同样的方法可以测设 3、4 点的位置。检查时,可以在已测设的点上架设经纬仪,检测各个角度是否符合设计要求,并丈量各条边长。如果待测设点位的精度要求较高,可以利用精确方法测设水平距离和水平角。

图 9-6　直角坐标法

9.3.2　极坐标法

极坐标法是在控制点上测设一个角度和一段距离来确定点的平面位置。此法适用于测设点离控制点较近且便于量距的情况。若用全站仪测设则不受这些条件限制。

如图 9-7 所示,A、B 为控制点,其坐标 (x_A, y_A)、(x_B, y_B) 为已知;P 为设计的点位,其坐标 (x_P, y_P) 可在设计图上查得。现欲将 P 点测设于实地,先按下列公式计算出放样数据(水平角 β 和水平距离 D_{AP})

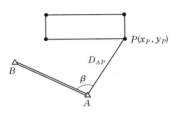

图 9-7　极坐标法放样点位

$$\left.\begin{aligned}\alpha_{AB} &= \arctan\frac{y_B - y_A}{x_B - x_A}\\\alpha_{AP} &= \arctan\frac{y_P - y_A}{x_P - x_A}\\\beta &= \alpha_{AP} - \alpha_{AB}\end{aligned}\right\} \tag{9-7}$$

$$D_{AP} = \sqrt{(x_P - x_A)^2 + (y_P - y_A)^2} \tag{9-8}$$

应当注意,计算 β 时,若 $\alpha_{AP} < \alpha_{AB}$,应将 α_{AP} 加上 360°再去减 α_{AB}。

测设时,在 A 点安置经纬仪,照准 B 点,按照任务 9.2 中水平角的测设方法测设出 β 角以定出 AP 方向,沿此方向用钢尺测设距离 D_{AP},即定出 P 点。

9.3.3　方向交会法

方向交会法是在两个控制点上用两台经纬仪测设出两个已知数值的水平角,交会出点的平面位置。为提高放样精度,通常用三个控制点三台经纬仪进行交会。此法适用于待测设点离控制点较远或量距较困难的地区。在桥梁等工程中,常采用这种方法测设点位。

如图 9-8 所示,A、B、C 为已有的三个控制点,其坐标为已知,放样点 P 的坐标也已知。先根据控制点 A、B、C 的坐标和 P 点设计坐标,计算出测设数据 β_1、β_2、β_4。测设时,在 A、B、C 点各安置一台经纬仪,分别测设 β_1、β_2、β_4 定出三个方向,其交点即为 P 点的位置。由于测设误差的存在,三个方向往往不交于一点,而形成一个误差三角形(称为示误三角形),如图9-9所示,如果示误三角形最长边不超过4 cm,则取三角形的重心作为 P 点的最终位置。

测设时,可先由三方向交会出 P 点的概略位置,并在此位置打一大木桩。然后由仪器指挥,用铅笔在桩顶面上沿三个方向各标出两点,将同方向的两点连接起来,即得到三个方向线,如图9-9中的 ap、bp、cp 所示,三方向不交于一点,即构成示误三角形。

测设时,各方向应用盘左盘右测设取平均位置。另外,交会角 γ_1、γ_2 应不小于30°和不大于120°。如果只有两个方向,应重复进行交会。

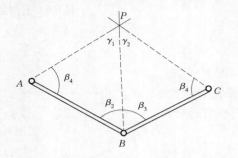

图9-8 方向交会法放样点位

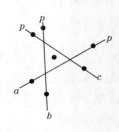

图9-9 示误三角形

9.3.4 距离交会法

距离交会法是在两个控制点上各测设已知长度交会出点的平面位置。距离交会法适用于场地平坦,量距方便,且控制点离待测设点的距离不超过一整尺长的地带。如图9-10所示,A、B 为控制点,P 为待测设点。先根据控制点 A、B 的坐标和待测设点 P 的坐标,再计算出测设距离 D_{AP}、D_{BP}。测设时,以 A 点为圆心,以 D_{AP} 为半径,用钢

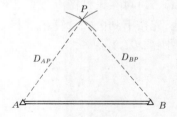

图9-10 距离交会法放样点位

尺在地面上画弧;以 B 点为圆心,以 D_{BP} 为半径,用钢尺在地面上画弧,两条弧线的交点即为 P 点。

9.3.5 全站仪坐标测设法

全站仪不仅具有测设精度高、速度快的特点,而且可以直接测设点的位置。同时,在施工放样中受天气和地形条件的影响较小,从而在生产实践中得到了广泛应用。全站仪坐标测设法,就是根据控制点和待测设点的坐标定出点位的一种方法。首先,仪器安置在控制点上,使仪器置于测设模式,然后输入控制点和测设点的坐标,一人持反光棱镜立在待测设点附近,用望远镜照准棱镜,按坐标测设功能键,全站仪显示出棱镜位置与测设点的坐标差。根据坐标差值,移动棱镜位置,直到坐标差值等于零,此时,棱镜位置即为测设点的点位。

9.3.6 已知坡度线的测设

已知坡度线的测设就是在地面上定出一条直线,其坡度值等于已给定的设计坡度。在交通线路工程、排水管道施工和敷设地下管线等项工作中经常涉及该问题。

如图9-11所示,设地面上 A 点的高程为 H_A, AB 两点之间的水平距离为 D,要求从 A 点沿 AB 方向测设一条设计坡度为 δ 的直线 AB,即在 AB 方向上定出1、2、3、4、B 各桩点,使其各个桩顶面连线的坡度等于设计坡度 δ。

具体测设时,先根据设计坡度 δ 和水平距离 D 计算出 B 点的高程。

$$H_B = H_A - \delta \times D$$

计算 B 点高程时,注意坡度 δ 的正、负,在图9-11中 δ 应取负值。

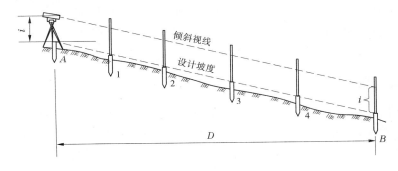

图9-11 已知坡度线的测设

然后,照前所述测设已知高程的方法,把 B 点的设计高程测设到木桩上,则 AB 两点的连线的坡度等于已知设计坡度 δ。

为了在 AB 间加密1、2、3、4等点,在 A 点安置水准仪时,使一个脚螺旋在 AB 方向线上,另两个脚螺旋的连线大致与 AB 线垂直,量取仪器高 i,用望远镜照准 B 点水准尺,旋转在 AB 方向上的脚螺旋,使 B 点桩上水准尺上的读数等于 i,此时仪器的视线即为设计坡度线。在 AB 中间各点打上木桩,并在桩上立尺使读数皆为 i,这样的各桩桩顶的连线就是测设坡度线。当设计坡度较大时,可利用经纬仪定出中间各点。

任务9.4 施工平面控制网的测设

无论是城市控制网还是为测绘工程专用图所建立的控制网,往往是从测图方面考虑的,一般不适应施工测设的需要,且常有相当数量的控制点,在场地布置和平整中被毁掉,或因建筑物的修建成为互不通视的废点。因此,在工程施工之前,一般在建筑场需要在原测图控制网的基础上,建立施工控制网,作为工程在施工和运行管理过程中测量的依据。

9.4.1 施工控制网的形式

施工平面控制测量的任务是建立平面控制网。由于工程性质、场地的大小和地形情况不同,建筑工程施工控制网也有不同形式。在面积不大的居住建筑小区中,常布置一条或几条基准线组成的简单图形,作为施工测量的平面控制,称为建筑轴线或建筑基线;在一般大中型民用或工业建筑场地中,多采用方格网形式的控制网,称为建筑方格网或建筑矩形网;在一些大型工业场地中,由于地形条件、工期紧迫或分期施工等原因,不便于一次建立整个场地的建筑方格网时,可先在整个场区内建立"一"字形或"+"字形的中轴线系统,作为以后建立各局部方格网的依据;在沿江河或受地形限制的建筑场地中,可建立多边形导线作为施工控制;对于山区建筑场地,一般多依山傍谷分散建筑,可充分利用原有测图控制网作为施工放样的依据。总之,施工控制网的形式应与设计总平面图的布局相一致。

9.4.2　建筑方格网的建立

施工控制网的建立工作应在施工准备初期进行,要力争尽早完成以资主动。在整个施工过程中,常备控制点的标志,常遭到碰动或损坏。因此,除桩点埋设要牢固、地面标志明显和设立护桩外,还要做好经常的检测和维护工作。

9.4.3　建筑方格网的测设

建筑方格网的测设一般按主轴线点和轴线加密点分别测设的步骤进行。当场地上有两个或多个主轴线时,可以分别建立方格网。但从测量观点来看应连成一个整体。求得两个方格网坐标系之间的换算关系,从而确保相邻方格网之间的联系。

建立方格网时,也必须考虑施工组织计划,假使工地上先修筑正式道路,则方格点宜设计在道路交叉口中央,并宜待交叉口的正式路面修成后再建立正式的精度较高的方格网。其点位用永久标石标定。若方格点设计在人行道上或绿化带内,应考虑到在该地带埋设地下管线的影响。还必须注意不要让施工用的临时建筑物、施工机械、施工材料场等盖住了方格点或阻碍方格点间的通视。方格点主要是为施工建设服务的,所以应加强与施工人员的联系,把方格点位置向施工人员交代清楚,使施工人员关心并保护这些方格桩。

9.4.3.1　场地主轴线的测设

当场地只有一根主轴线时,放样主轴线的误差将关系到整个建筑方格网相对于实地地形地物的位置是否正确,也即影响建筑物作为整体相对于地形位置是否正确。现代工业企业在车间内部诸机器设备之间要求相对位置很精确,有时只允许误差为 1 mm。在相邻车间之间要求略低一些,通常为 10 cm 左右。即使有工艺流程联系的相邻车间之间位置误差通常允许达几厘米。至于整个企业相对于原有地物地形的关系对于新建厂矿来说允许误差更大,可达几分米。因此,放样新建厂主轴线所需的数据可以从地形图上图解取得。虽然放样场地主轴线绝对位置的精度要求不高,但是绝对不允许产生粗差,以免造成重大工程事故。

为了确定主轴线的位置至少需要两个点,但为了防止出错,一般要放样 3 ~ 5 个点来确定工业场地的主轴线,如图 9-12 所示。

场地主轴线放样具体步骤如下:

(1)准备放样数据。可以从地形图上量取待放样轴线点的图解坐标,再利用邻近控制点的坐标计算放样数据。也可以直接从地形图上量取极坐标法放样所需的角值和距离。

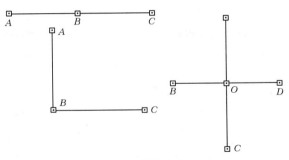

图 9-12　主轴线上的主点

（2）利用控制点实地放样轴线点。通常应利用更高一级的控制点，采用任何一种点位测设方法来放样轴线上的点。

（3）检测和归化。为了防止粗差，必须进行检测，一般在中心点上测角。根据实测角与理论角（90°或180°）的差数来判断放样是否正确。经检验证明放样无误后，可以归化改正。

9.4.3.2　放样方格点

放样方格点的方法总的来说分两种：直接法和归化法。在讨论归化之前，宜对直接法有些了解。

1. 直接法

直接法放样方格点的方法如图 9-13 所示。设如图 9-13（a）所示为已建立的十字形主轴。接着沿主轴精确量距，边量距边放样轴线上的方格点（见图 9-13（b））。然后在两轴之端点上放样 90°，交会出四个角点（见图 9-13（c））。再沿周边精确量距，同时放样周边的方格点作为闭合差的配赋。直至已放样的方格点围成四个矩形成田字形。在矩形内部的一些方格点用经纬仪按方向线交会法求得（见图 9-13（d））。

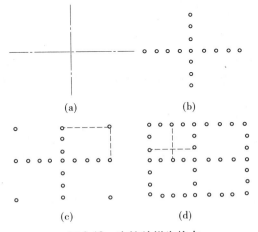

图 9-13　直接放样方格点

直接法操作简单，但它要求方格网形状规整，场地上有良好的通视条件；但测角量距误差积累产生闭合差时处理不方便。

2. 归化法

用直接法以比较低的精度放样诸方格点(过渡点),放样方格点时主要应考虑到接着要测量方格点的坐标。因此,要照顾相邻点间的通视条件,设站方便。有时方格点可以偏离设计位置数米甚至几十米远。

9.4.3.3 建筑方格网的加密

当工业场地较大时,一下子测定全部方格点工作量太大,这时可以先测定方格边较稀疏格网的点,然后在这些稀疏点的控制下,逐步加密方格点。

一般常用的方向线交会法或后方交会归化法来加密方格点。当用方向线交会法加密时,仪器架于 A、B、C…上(见图9-14(a)),两条对角线方向相交即得一个加密方格点。从而可得 a、b、c…,然后在 $aBbF$ 小方格内再用两对角线方向交会加密1,2,3…方格点,这样就可以把方格点加密约一倍(方格边长缩小1/2)。

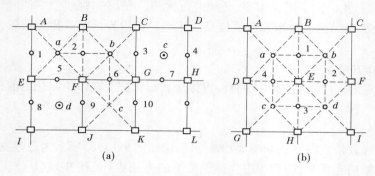

图9-14　方格网点加密

当用后方交会归化法加密时(见图9-14(b)),仪器架于待加密的点上(如 a、b…),观察方格四角的方向值,从而可求得测站点偏离设计位置的值。归化后即可求得加密点的正确位置,由于 A、B、C…位置已归化好,所以用后方交会归化法加密时,相应的数据计算工作比较简单。

任务9.5　场地平整测量及土方计算

在编制场地平整土方工程施工组织设计或施工方案、进行土方的平衡调配以及检查验收土方工程时,常需要进行土方工程量的计算。计算方法有方格网法和横截面法两种。

9.5.1　方格网法

用于地形较平缓或台阶宽度较大的地段。计算方法较为复杂,但精度较高,其计算步骤和方法如下:

(1)划分方格网。根据已有地形图(一般用1∶500的地形图)将欲计算场地划分成若干个方格网,尽量与测量的纵、横坐标网对应,方格一般采用20 m×20 m或40 m×40 m,将相应设计标高和自然地面标高分别标注在方格点的右上角和右下角。将自然地面标高与设计地面标高的差值,即各角点的施工高度(挖或填),填在方格网的左上角,挖方为

(-),填方为(+)。

（2）计算零点位置。在一个方格网内同时有填方或挖方时,应先算出方格网边上的零点的位置,并标注于方格网上,连接零点即得填方区与挖方区的分界线(零线)。零点的位置按下式计算(见图9-15)

$$x_1 = \frac{h_1}{h_1 + h_2} \times a \qquad (9\text{-}9)$$

$$x_2 = \frac{h_2}{h_1 + h_2} \times a \qquad (9\text{-}10)$$

式中　x_1、x_2——角点至零点的距离,m;

　　　h_1、h_2——相邻两角点的施工高度,m,均用绝对值;

　　　a——方格网的边长,m。

为省略计算,亦可采用图解法直接求出零点位置,如图9-16所示,方法是用尺在各角上标出相应比例,用尺相接,与方格相交点即为零点位置。这种方法可避免计算(或查表)出现的错误。

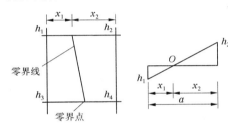

图9-15　零点位置计算示意图

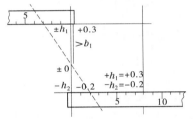

图9-16　零点位置图解法

（3）计算土方工程量。按方格网底面面积图形计算每个方格内的挖方量或填方量。

（4）计算土方总量。将挖方区(或填方区)所有方格计算土方量汇总,即得该场地挖方和填方的总土方量。

9.5.2　横截面法

横截面法适用于地形起伏变化较大地区,或者地形狭长、挖填深度较大又不规则的地区,计算方法较为简单方便,但精度较低。其计算步骤和方法如下:

（1）划分横截面。根据地形图、竖向布置或现场测绘,将要计算的场地划分横截面 AA'、BB'、CC''…(见图9-17),使截面尽量垂直于等高线或主要建筑物的边长,各截面间的间距可以不等,一般可用10 m或20 m,在平坦地区可用大些,但最大不大于100 m。

（2）画横截面图形。按比例绘制每个横截面的自然地面和设计地面的轮廓线。自然地面轮廓线与设计地面轮廓线之间的面积,即为挖方或填方的截面。

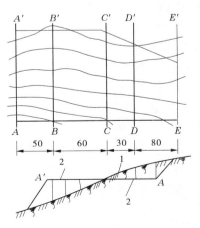

1—自然地面;2—设计地面

图9-17　画横截面示意图

（3）计算横截面面积。按横截面面积计算每个截面的挖方或填方截面面积。

（4）计算土方量。将挖方区（或填方区）所有方格计算土方量汇总，即得该场地挖方和填方的总土方量。

任务 9.6　全站仪坐标放样实训

9.6.1　目的

掌握全站进行坐标放样的方法，通过现场的实际操作熟练掌握极坐标法放样。将理论与实践相结合，使用全站仪进行一般坐标点位实地放样（极坐标法和直角坐标法）。

在地面上 $O(0.000,0.000)$ 点建立自由坐标系，分别用极坐标法、直角坐标法进行放样矩形 $ABCD$ 的角点坐标。其中 $A(10.000,20.000)$，$B(10.000,10.000)$，$C(20.000,10.000)$，$D(20.000,20.000)$。

9.6.2　仪器工具

全站仪一台，棱镜两个，钢尺一把，标记笔一支，铅笔，记录本。

9.6.3　步骤

9.6.3.1　直角坐标放样法

利用全站仪分别确定 $ABCD$ 四个点的方向和距离即可得矩形 $ABCD$，如图 9-18 所示。

步骤：先在 O 点架仪器，F 点架棱镜分别确定 E 点和 F 点的距离和方向，同理确定 G 点和 H 点；再将仪器移至 E 点，以后视 F 方向为 x 轴，顺时针旋转 $90°$ 确定 B 和 C 的方向和距离；最后将仪器移至 F 点，后视 E 点方向为 x 轴方向旋转 $90°$ 同理确定 A 点和 D 点。

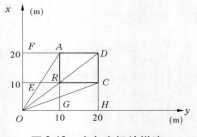

图 9-18　直角坐标放样法

9.6.3.2　极坐标放样法

步骤：在 O 点架仪器，如图 9-19 所示，由 $ABCD$ 的一直角坐标可以算出：$\alpha_{OA} = 26°33'54''$，$\alpha_{OB} = 45°$，$\alpha_{OC} = 63°26'58''$，$\alpha_{OD} = 45°$。

距离：$OA = 22.36$ m，$OB = 14.142$ m，$OC = 22.36$ m，$OD = 28.44$ m，分别在 O 点测出 $ABCD$ 的方向和距离来确定各点的点位。

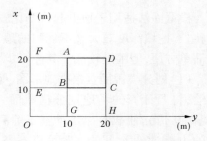

图 9-19　极坐标放样法

9.6.4　注意事项

合理选择测站点（架设全站仪的点）、后视点（已知坐标点：如前面已经确定的起点等）。如果测站点、后视点位置没有变动，放样时只需输入放样点坐标。如果测站点、后视点位置任一发生变动,放样时要重新输入变动后的测站点、放样点坐标。放样点确定后,请用粉笔在地面上做好临时标记。

9.6.5 　记录计算

全站仪坐标放样记录见表 9-1。

表 9-1　全站仪坐标放样记录

地点				内容			
日期	年　月　日			天气			
司镜				后视			
记录				复核			
前视				仪器			
置镜坐标		X		后视坐标		X	
		Y				Y	

施测点	设计坐标		方位角	距离
	$X(\mathrm{m})$	$Y(\mathrm{m})$		

示意图	备注

习题与作业

1. 建筑施工测量的主要任务是什么?

2. 民用建筑物如何定位与放线?

项目 10   民用与工业建筑施工测量

民用建筑一般是指住宅、商店、医院、学校、办公楼、俱乐部等。施工测量的主要任务是按照设计要求,配合施工进度,测设建筑物的平面位置和高程。

工业建筑主要以厂房为主,而工业厂房多为排柱式建筑,跨距和间距大,但隔墙少,平面布置简单,所以厂房施工测量的主要内容为厂房控制网和柱列轴线的测设、厂房柱基测设和安装测量。

任务 10.1   施工测量的准备工作

10.1.1   熟悉图纸,了解设计意图

设计图纸是施工测量的依据。与测设有关的图纸主要有:建筑总平面图、建筑平面图、立面图、剖面图、基础平面图和基础详图。建筑总平面图是施工放样的总体依据,各建筑物都是根据总平面图上给定的尺寸关系进行定位的。建筑平面图给出了建筑物本身各轴线间的间距。立面图和剖面图给出了基础、室内外地坪、门窗、楼板、屋架、屋面等处的设计标高。基础平面图和基础详图给出了基础轴线、基础宽度以及基础标高的尺寸关系。

在测设前,应熟悉建筑物的各种设计图纸,了解施工的建筑物与相邻建筑物的相互关系,以及建筑物的尺寸和施工的要求等。对各设计图纸的有关尺寸及测设数据应仔细核对,必要时可将图纸上的主要尺寸摘抄于施测记录本上,以便于随时查找使用。

10.1.2   现场踏勘,了解现场情况

现场踏勘的目的是了解施工现场上地物、地貌以及现有测量控制点的分布情况,以便根据实际情况考虑测设方案。现场踏勘时,应对原有测量控制点进行必要的检测,并对现场进行必要的平整和清理,以便于后序测设工作的顺利进行。

10.1.3   制订测设计划,确定测设方案

按照施工进度的计划要求,制订测设计划,同时结合现场条件和实际情况,确定测设方案。测设方案包括测设方法、测设步骤、采用的仪器工具、精度要求等。在每次现场测设之前,应根据设计图纸和测设方法,准备好相应的测设数据,必要时还可绘出测设草图,把测设数据标注在图上,以使现场测设更加方便快捷。

任务 10.2　建筑物的定位和基础放线

10.2.1　建筑物的定位

建筑物外廓主要轴线的交点称为定位点或角点。建筑物的定位就是根据设计条件，将这些定位点测设到地面上，以作为细部轴线放线和基础放线的依据。由于设计条件和现场条件的不同，建筑物的定位方法也有所不同，下面介绍三种常用的定位方法。

10.2.1.1　根据控制点定位

如果建筑物定位点的设计坐标已知，且场地附近有测量控制点可供利用，可根据实际情况选用极坐标法、角度交会法或距离交会法来测设定位点。在这三种方法中，极坐标法适用性最强，是用得最多的一种定位方法。

10.2.1.2　根据建筑方格网和建筑基线定位

如果建筑物定位点的设计坐标已知，且建筑场地已布设了建筑方格网或建筑基线，可利用直角坐标法测设定位点。用直角坐标法测设点位，所需测设数据的计算较为方便，在用经纬仪和钢尺实地测设时，建筑物总尺寸和四大角的精度容易控制和检核。

10.2.1.3　根据与原有建筑物或道路的关系定位

如果设计图上只给出新建筑物与附近原有建筑物或道路的相互关系，而没有提供建筑物定位点的坐标，周围又没有测量控制点、建筑方格网和建筑基线可供利用，可根据原有建筑物的边线或道路中心线，将新建建筑物的定位点测设出来。

根据与原有建筑物或道路关系的定位方法随实际情况的不同而不同，但基本过程是一致的，下面分两种情况举例说明具体测设的方法。

1. 根据与原有建筑物的关系定位

如图 10-1 所示，拟建建筑物的外墙边线与原有建筑物(图中绘有斜线的建筑物)的外墙边线在同一条直线上，两建筑物的间距为 10 m，拟建建筑物长轴为 40 m，短轴为 18 m，轴线与外墙边线间距为 0.12 m，可按下述方法测设其四条轴线的交点：

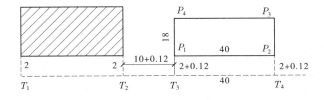

图 10-1　根据与原有建筑物的关系定位

(1)沿原有建筑物的两侧外墙拉线，用钢尺顺线从墙角往外量一段较短的距离(这里设为 2 m)，在地面上标定 T_1 和 T_2 两点，T_1 和 T_2 的连线即为原建筑物的平行线。

(2)在 T_1 点安置经纬仪，照准 T_2 点，用钢尺从 T_2 点沿视线方向量取距离 10 m + 0.12 m，在地面上定出 T_3 点，再从 T_3 点沿视线方向量取距离 40 m，在地面上定出 T_4 点，T_3 和 T_4 的连线即为拟建建筑物的平行线，其长度等于长轴尺寸。

（3）在 T_3 点安置经纬仪，照准 T_4 点，逆时针测设 90°角，在视线方向上量取距离 2 m + 0.12 m，在地面上定出 P_1 点，再从 P_1 点沿视线方向量取距离 18 m，在地面上定出 P_4 点。同理，在 T_4 点安置经纬仪，照准 T_3 点，顺时针测设 90°角，在视线方向上量取距离 2 m + 0.12 m，在地面上定出 P_2 点，再从 P_2 点沿视线方向量取距离 18 m，在地面上定出 P_3 点，则 P_1、P_2、P_3 点和 P_4 点即为拟建建筑物的四个轴线定位点。

（4）在 P_1、P_2、P_3 点和 P_4 点上安置经纬仪，检核四个大角是否为 90°，用钢尺丈量四条轴线的长度，检核长轴是否为 40 m，短轴是否为 18 m。

2. 根据与原有道路的关系定位

如图 10-2 所示，拟建建筑物的轴线与道路中心线平行，轴线与道路中心线的距离分别为 16 m 和 12 m，建筑物轴线长分别为 50 m 和 20 m，测设方法如下：

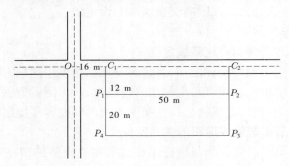

图 10-2　根据与原有道路的关系定位

（1）在每条道路上选两个合适的位置，分别用钢尺测量该处的道路宽度，其宽度的 1/2 处即为道路中心点，连接每一道路的两中心点即得道路中心线，两道路中心线的交点为 O。自 O 起沿道路中心线依次量取距离 16 m 和 50 m，得 C_1 和 C_2 两点。

（2）在 C_1 点上安置经纬仪，测设 90°角，用钢尺依次测设水平距离 12 m 和 20 m，在地面上定出 P_1 和 P_4 两点。同理，在 C_2 点上安置经纬仪，在地面上定出 P_2 和 P_3 两点。

（3）分别在 P_1、P_2、P_3 点和 P_4 点上安置经纬仪，检核角度是否为 90°，用钢尺丈量四条轴线的长度，检核长轴是否为 50 m，短轴是否为 20 m。

10.2.2　建筑物的放线

建筑物的放线，是指根据现场已测设好的建筑物定位点，详细测设建筑物各细部轴线交点的位置，并将其延长到安全的地方做好标志。然后以细部轴线为依据，按基础宽度和放坡要求标定基础开挖边线。

10.2.2.1　细部轴线交点的测设

如图 10-3 所示，A 轴、E 轴、①轴和⑦轴是建筑物的四条外墙主轴线，其交点 A_1、A_7、E_1 和 E_7 是建筑物的定位点，这些点已在地面上标定。各主次轴线间距如图 10-3 所示。各细部轴线交点的测设方法如下。

在 A_1 点安置经纬仪，照准 A_7 点，把钢尺的零点对准 A_1 点，沿视线方向拉钢尺，在钢尺上读数等于①轴和②轴间距 4.2 m 的地方打下木桩，然后用经纬仪视线指挥在桩顶上画

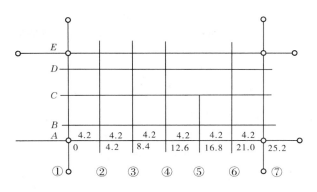

图 10-3 测设细部轴线交点

一条纵线,再拉好钢尺,在读数等于轴间距处画一条横线,两线交点即 A 轴与②轴的交点 A_2。仿照同样的方法测设 A 轴与 3 轴的交点 A_3,但须注意钢尺的零点仍然对准 A_1 点,并沿视线方向拉钢尺,而钢尺读数应为①轴和③轴间距 8.4 m,这种做法可以减小钢尺的对点误差。如此依序测设 A 轴与其他有细部轴线的交点。测设出最后一个交点后,用钢尺检查各相邻轴线桩间的距离,其误差应小于 1/3 000。

测设完 A 轴上的轴线点后,用同样的方法测设 E 轴、①轴和⑦轴上的轴线点。如果建筑物尺寸较小,也可用拉细线绳的方法代替经纬仪定线,然后沿细线绳拉钢尺量距。

10.2.2.2 轴线引测

在基槽或基坑开挖时,定位桩和细部轴线桩将会被挖掉,为了使开挖后各阶段施工能准确地恢复各轴线位置,开挖前应把各轴线延长到开挖范围以外的地方并做好标志,这个工作称为轴线引测。常用的轴线引测方法有以下两种。

1. 龙门板法

(1)如图 10-4 所示,在建筑物四角和中间隔墙的两端,距基槽边线约 2 m 以外,牢固地埋设大木桩,称为龙门桩,并使桩的一侧平行于基槽。

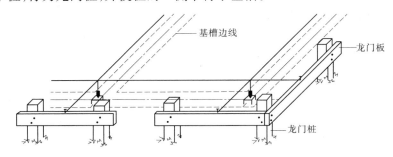

图 10-4 龙门桩与龙门板

(2)根据附近水准点,用水准仪将 ±0.000 标高测设在每个龙门桩的外侧,并画出横线标志。

(3)在相邻两龙门桩上钉设木板,称为龙门板,龙门板的上沿应和龙门桩上的横线对齐,使龙门板的顶面标高位于同一水平面上,并且标高为 ±0.000,龙门板顶面标高的误差应在 ±5 mm 以内。

（4）根据轴线桩，用经纬仪将各轴线投测到龙门板的顶面，并钉上小钉作为轴线标志，称为轴线钉，投测误差应在 ±5 mm 以内。对小型的建筑物，也可用拉细线绳的方法延长轴线，再钉上轴线钉。

（5）用钢尺沿龙门板顶面检查轴线钉的间距，其误差不应超过 1/3 000。

（6）恢复轴线时，将经纬仪安置在一个轴线钉上方，照准相应的另一个轴线钉，其视线即为轴线方向，往下转动望远镜，便可将轴线投测到基槽或基坑内。也可用细线将相对的两个轴线钉连接起来，借助于垂球，将轴线投测到基槽或基坑内。

如图 10-5 所示为龙门板设置和各轴线投测的平面示意图。

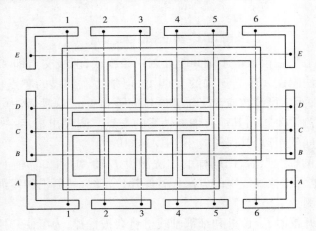

图 10-5　龙门板设置和轴线投测

2. 轴线控制桩法

由于龙门板需要较多木料，而且占用场地，使用机械开挖时容易被破坏，因此也可以在基槽或基坑外各轴线的延长线上测设轴线控制桩，作为以后恢复轴线的依据。轴线控制桩一般布设在距开挖边线 4 m 以外的地方，如图 10-6 所示，采用经纬仪引测，引测时应采用盘左和盘右取中的方法进行。

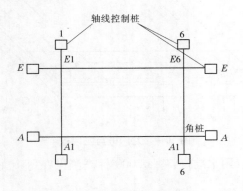

图 10-6　轴线控制桩

10.2.2.3　标定开挖边线

如图 10-7 所示，先按基础剖面图给出的设计尺寸，计算基槽的开挖宽度 d

$$d = B + 2mh \qquad (10\text{-}1)$$

式中　B——基底宽度,可由基础剖面图查取;

　　　h——基槽深度;

　　　m——边坡坡度。

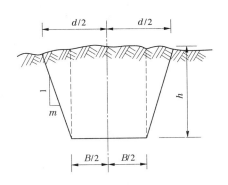

图 10-7　基槽开挖宽度

　　根据计算结果,在地面上以轴线为中线向两边各量出 $d/2$,拉线并撒上白灰,即为开挖边线。如果是基坑开挖,则只需按最外围墙体基础的宽度、深度及放坡坡度确定开挖边线。

任务 10.3　建筑物基础施工测量

10.3.1　开挖深度和垫层标高控制

　　基槽或基坑是根据开挖边线破土开挖的。当基槽开挖到接近槽底时,在基槽壁上自拐角起,每隔 3 ~ 5 m 测设一比槽底设计高程高 0.3 ~ 0.5 m 的水平桩,作为控制挖槽深度、修平槽底和打基础垫层的依据。

　　水平桩是根据施工现场已测设的 ±0.000 或龙门板顶标高,用水准仪按高程测设的方法测设的。如图 10-8 所示,设槽底设计标高为 −2.1 m,水平桩高于槽底 0.5 m,即水平桩的标高为 −1.6 m,用水准仪后视龙门板顶面上的水准尺,得读数 $a = 1.286$ m,则水平桩上标尺的应有读数为 $b = a + 1.6 = 1.286 + 1.6 = 2.886(\text{m})$。

　　测设时沿槽壁上下移动水准尺,当读数为 2.886 m 时,沿尺底面水平地在槽壁上打一小木桩,即为要测设的水平桩。水平桩的测设误差应在 ±10 mm 以内。

　　垫层面标高的测设可以水平桩为依据在槽壁上弹线,也可在槽底打入垂直桩,使桩顶标高等于垫层面的标高。如果垫层需安装模板,可以直接在模板上弹出垫层面的标高线。

　　如果是机械开挖,一般是一次挖到设计槽底或坑底的标高,因此要在施工现场安置水准仪,边挖边测,随时指挥挖土机调整挖土深度,使槽底或坑底的标高略高于设计标高(一般为 10 cm,留给人工清土)。挖完后,为了给人工清底和打垫层提供标高依据,还应在槽壁或坑壁上打水平桩,水平桩的标高一般为垫层面的标高。当基坑底面面积较大时,为便于控制整个底面的标高,应在坑底均匀地打一些垂直桩,使桩顶标高等于垫层面的标高。

10.3.2　在垫层上投测基础中心线

垫层打好后,根据龙门板上的轴线钉或轴线控制桩,用经纬仪或用拉线挂吊锤的方法,把轴线投测到垫层面上,并用墨线弹出基础中心线和边线(此项工作俗称"摽底"),以便砌筑基础或安装基础模板。

10.3.3　基础标高控制

基础墙的标高一般是用"基础皮数杆"来控制的。皮数杆是用一根木杆做成的,在杆上注明 ±0.000 的位置,按照设计尺寸将砖和灰缝的厚度,分皮从上往下一一画出来,此外还应注明防潮层和预留洞口的标高位置,如图 10-9 所示。

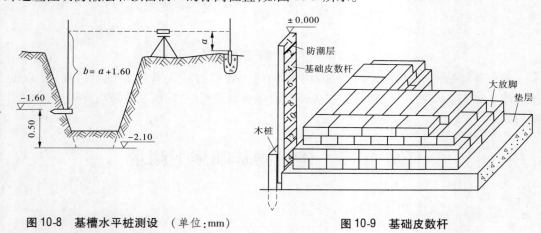

图 10-8　基槽水平桩测设　(单位:mm)　　　　　图 10-9　基础皮数杆

立皮数杆时,如图 10-9 所示,可先在立杆处打一木桩,用水准仪在木桩侧面测设一条高于垫层设计标高某一数值(如 0.2 m)的水平线,然后将皮数杆上标高相同的一条线与木桩上的水平线对齐,并用铁钉把皮数杆和木桩钉在一起,这样立好皮数杆后,即可作为砌筑基础墙的标高依据。对于采用钢筋混凝土的基础,可用水准仪将设计标高测设于模板上。

当基础施工结束后,用水准仪检查基础面是否水平(此项工作俗称"找平"),以便竖立"墙身皮数杆",砌筑墙体。

任务 10.4　建筑物墙体施工测量

10.4.1　首层楼房墙体施工测量

10.4.1.1　墙体轴线测设

基础工程结束后,应对龙门板或轴线控制桩进行检查复核,以防基础施工期间发生碰动移位。复核无误后,可根据轴线控制桩或龙门板上的轴线钉,用经纬仪法或拉线法,把首层楼房的墙体轴线测设到防潮层上,并弹出墨线,然后用钢尺检查墙体轴线的间距和总长是否等于设计值,用经纬仪检查外墙轴线四个主要交角是否等于90°。符合要求后,把墙轴线延长到基础外墙侧面上并弹线和做出标志,作为向上投测各层楼房墙体轴线的依据。同时还应把门、窗和其他洞口的边线,也在基础外墙侧面上做出标志,如图 10-10 所示。

墙体砌筑前,根据墙体轴线和墙体厚度,弹出墙体边线,照此进行墙体砌筑。砌筑到一定高度后,用吊锤线将基础外墙侧面上的轴线引测到地面以上的墙体上,以免基础覆土后看不见轴线标志。如果轴线处是钢筋混凝土柱,则在拆柱模后将轴线引测到桩身上。

10.4.1.2　墙体标高测设

墙体砌筑时,其标高用"墙身皮数杆"控制。如图 10-11 所示,在皮数杆上根据设计尺寸,按砖和灰缝厚度画线,并标明门、窗、过梁、楼板等的标高位置。杆上标高注记从±0.000向上增加。

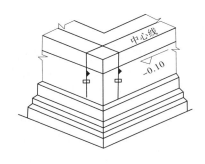

图 10-10　墙体轴线与标高线

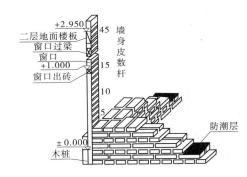

图 10-11　墙身皮数杆

墙身皮数杆一般立在建筑物的拐角和内墙处,固定在木桩或基础墙上。为了便于施工,采用里脚手架时,皮数杆立在墙的外边;采用外脚手架时,皮数杆应立在墙里边。立皮数杆时,先用水准仪在立杆处的木桩或基础墙上测设出 ±0.000 标高线,测量误差在±3 mm以内,然后把皮数杆上的 ±0.000 线与该线对齐,用吊锤校正并用钉钉牢,必要时可在皮数杆上加两根钉斜撑,以保证皮数杆的稳定。

墙体砌筑到一定高度后(1.5 m 左右),应在内、外墙面上测设出 +0.500 m 标高的水平墨线,称为" +50 线"。外墙的 +50 线作为向上传递各楼层标高的依据,内墙的 +50 线作为室内地面施工及室内装修的标高依据。

10.4.2　二层以上楼房墙体施工测量

10.4.2.1　墙体轴线投测

每层楼面建好后,为了保证继续往上砌筑墙体时,墙体轴线均与基础轴线在同一铅垂面上,应将基础或首层墙面上的轴线投测到楼面上,并在楼面上重新弹出墙体的轴线,检查无误后,以此为依据弹出墙体边线,再往上砌筑。在这项测量工作中,从下往上进行轴线投测是关键,一般多层建筑常用吊锤线方法。

将较重的垂球悬挂在楼面的边缘,慢慢移动,使垂球尖对准地面上的轴线标志,或者使吊锤线下部沿垂直墙面方向与底层墙面上的轴线标志对齐,吊锤线上部在楼面边缘的位置就是墙体轴线位置,在此画一条短线作为标志,便在楼面上得到轴线的一个端点,同法投测另一端点,两端点的连线即为墙体轴线。

一般应将建筑物的主轴线都投测到楼面上来,并弹出墨线,用钢尺检查轴线间的距离,其相对误差不得大于 1/3 000,符合要求之后,再以这些主轴线为依据,用钢尺内分法测设其他细部轴线。

吊锤线法受风的影响较大,因此应在风小的时候作业,投测时应等待吊锤稳定下来后再在楼面上定点。此外,每层楼面的轴线均应直接由底层投测上来,以保证建筑物的总竖直度,只要注意这些问题,用吊锤线法进行多层楼房的轴线投测的精度是有保证的。

10.4.2.2 墙体标高传递

多层建筑物施工中,要由下往上将标高传递到新的施工楼层,以便控制新楼层的墙体施工,使其标高符合设计要求。标高传递一般可采用以下两种方法:

(1)利用皮数杆传递标高。一层楼房墙体砌完并建好楼面后,把皮数杆移到二层继续使用。为了使皮数杆立在同一水平面上,用水准仪测定楼面四角的标高,取平均值作为二楼的地面标高,并在立杆处绘出标高线,立杆时将皮数杆的 ±0.000 线与该线对齐,然后以皮数杆为标高的依据进行墙体砌筑。如此用同样方法逐层往上传递高程。

(2)利用钢尺传递标高。当精度要求较高时,可用钢尺从底层的 +50 标高线起往上直接丈量,把标高传递到第二层,然后根据传递上来的高程测设第二层的地面标高线,以此为依据立皮数杆。在墙体砌到一定高度后,用水准仪测设该层的 +50 标高线,再往上一层的标高可以此为准用钢尺传递,依次类推,逐层传递标高。

任务 10.5 高层建筑物的定位和基础放线

高层建筑的体型大、层数多、高度高、造型多样化、建筑结构复杂、设备和装修标准高,因此在施工过程中对建筑物各部位的水平位置、轴线尺寸、垂直度和标高的要求都十分严格,对施工测量的精度要求也高。

10.5.1 高层建筑定位

10.5.1.1 测设施工方格网

高层建筑一般采用专用的施工方格网来进行定位。施工方格网是测设在基坑开挖范围以外一定距离,平行于建筑物主要轴线方向的矩形控制网,如图 10-12 所示,M、N、Q、P 为拟建高层建筑的四大角轴线交点,M'、N'、Q'、P' 是施工方格网的四个角点。施工方格网一般在总平面布置图上进行设计,先根据现场情况确定其各条边线与建筑轴线的间距,再确定四个角点的坐标,然后在现场根据城市测量控制或建筑场地上测量控制网,用极坐标法或直角坐标法,在现场测设出来并打桩。最后还应在现场检测方格网的四个内角和四条边长,并按设计角度和尺寸进行相应的调整。

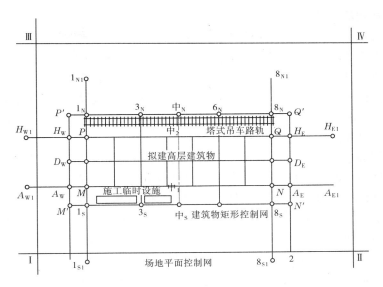

图 10-12　高层建筑定位测量

10.5.1.2　测设主轴线控制桩

在施工方格网的四边上,根据建筑物主要轴线与方格网的间距,测设主要轴线的控制桩。如图 10-12 所示的 1_S、1_N 为轴线 MP 的控制桩,8_S、8_N 为轴线 NQ 的控制桩,A_W、A_E 为轴线 MN 的控制桩,H_W、H_E 为轴线 PQ 的控制桩。测设时要以施工方格网各边的两端角点为控制点,用经纬仪定线,用钢尺拉通尺量距来打桩定点。

除四廓的轴线外,建筑物的中轴线等重要轴线也应在施工方格网边线上测设出来,与四廓的轴线一起,组成施工控制网中的控制线,一般要求控制线的间距为 30 ~ 50 m。如果高层建筑是分期分区施工的,为满足某局部区域定位测量的需要,应把对该局部区域有控制意义的轴线在施工方格网边线测设出来。施工方格网控制线的测距精度应不低于 1/10 000,测角精度应不低于 $\pm 10''$。

如果高层建筑准备采用经纬仪法进行轴线投测,还应把应投测轴线的控制桩引测到更远处安全稳固的地方。例如图 10-12 中,四条外廓主轴线是今后要往高处投测的主轴线,用经纬仪引测,得到 H_{W1} 等八个轴线控制桩。为避免用经纬仪投测时仰角太大,要求这些桩与建筑物的距离应大于建筑物的高度。

10.5.2　高层建筑基础施工放线

10.5.2.1　测设基坑开挖边线

基坑开挖前,先根据建筑物的轴线控制桩确定建筑物的外围边线,再考虑边坡的坡度和基础施工所需工作面的宽度,测设出基坑的开挖边线并撒出灰线。

10.5.2.2　基坑开挖时的测量工作

高层建筑的基坑一般都很深,需要放坡并进行边坡支护加固,开挖过程中,除用水准仪控制开挖深度外,还应经常用经纬仪或拉线检查边坡的位置,防止出现坑底边线内收,致使基础位置不够的情况。

10.5.2.3 基础放线及标高控制

1. 基础放线

基坑开挖完成后,有三种情况:一是直接打垫层,然后做箱形基础或筏板基础,这时要求在垫层上测设基础的各条边界线、梁轴线、墙宽线和柱位线等;二是在基坑底部打桩或挖孔,做桩基础,这时要求在坑底测设各条轴线和桩孔的定位线,桩做完后,还要测设桩承台和承重梁的中心线;三是先做桩,然后在桩上做箱形基础或筏板基础,组成复合基础,这时的测量工作是前两种情况的结合。

不论是哪种情况,在基坑下均需要测设各种各样的轴线和定位线,其方法基本是一样的。先根据地面上各主要轴线的控制桩,用经纬仪向基坑下投测建筑物的四大角、四廓轴线和其他主轴线,经认真校核后,以此为依据放出细部轴线,再根据基础图所示尺寸,放出基础施工中所需的各种中心线和边线,例如桩心的交线以及梁、柱、墙的中线和边线等。

如果是在垫层上放线,可把有关轴线和边线直接用墨线弹在垫层上,由于基础轴线的位置决定了整个高层建筑的平面位置和尺寸,因此施测时要严格检核,保证精度。如果是在基坑下做桩基,则测设轴线和桩位时,宜在基坑护壁上设立轴线控制桩,既能保留较长时间,也便于施工时用来复核桩位和测设桩顶上的承台和基础梁等。

从地面往下投测轴线时,一般是用经纬仪投测法,由于俯角较大,为了减小误差,每个轴线点均应盘左盘右各投测一次,然后取中数。

2. 基础标高测设

基坑开挖完成后,应及时用水准仪根据地面上的 ±0.000 标高线,将高程引测到坑底,并在基坑护坡的钢板或混凝土桩上做好标高为负的整米数的标高线。由于基坑较深,引测时可多设几站观测,也可用悬吊钢尺代替水准尺进行观测。在施工过程中,如果是桩基,要控制好各桩的顶面高程;如果是箱形基础和筏板基础,则直接将高程标志测设到竖向钢筋和模板上,作为安装模板、绑扎钢筋和浇筑混凝土的标高依据。

任务 10.6　高层建筑物的轴线投测和高程传递

10.6.1　高层建筑的轴线投测

当高层建筑的地下部分完成后,根据施工方格网校测建筑物主轴线控制桩,然后将各轴线测设到做好的地下结构顶面和侧面,同时将 ±0.000 标高也测设到地下结构顶部的侧面上,这些轴线和标高线,是进行首层主体结构施工的定位依据。

高层建筑物轴线的投测,常用的方法有外控法和内控法,外控法即经纬仪投测法;内控法即吊线坠法或垂准仪投测法。

10.6.1.1 经纬仪法

当施工场地比较宽阔时,可使用经纬仪法进行竖向投测,如图 10-13 所示,安置经纬仪于轴线控制桩上,严格对中整平,盘左照准建筑物底部的轴线标志,往上转动望远镜,用其竖丝指挥在施工层楼面边缘上画一点,然后盘右再次照准建筑物底部的轴线标志,同法在该处楼面边缘上画出另一点,取两点的中间点作为轴线的端点。其他轴线端点的投测方法与此相同。

随着楼层的升高,经纬仪投测时的仰角将变大,这样一是操作不便,二是误差也较大,此时应将轴线控制桩用经纬仪引测到远处(大于建筑物高度)稳固的地方,然后继续往上投测。如果周围场地有限,也可将轴线控制桩引测到附近建筑物的房顶上,如图 10-14 所示,先在轴线控制桩 A_1 上安置经纬仪,照准建筑物底部的轴线标志,将轴线投测到楼面 A_2 点处,然后在 A_2 上安置经纬仪,照准 A_1 点,将轴线投测到附近建筑物屋面上 A_3 点处,以后就可在 A_3 点安置经纬仪,投测更高楼层的轴线。注意上述投测工作均应采用盘左盘右取中法进行,以减少投测误差。

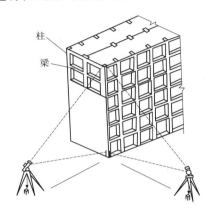

图 10-13 经纬仪轴线竖向投测

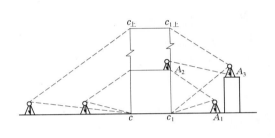

图 10-14 减小仰角的投测

所有主轴线投测上来后,应进行角度和距离的检核,合格后再以此为依据测设其他轴线。

10.6.1.2 吊线坠法

当周围建筑物密集,施工场地窄小,无法在建筑物以外的轴线上安置经纬仪投测时,可采用此法进行竖向投测。该法与一般的吊锤线法的原理是一样的,只是线坠的质量更大,吊线(细钢丝)的强度更高。此外,为了减少风力的影响,应将吊线坠的位置放在建筑物内部。

如图 10-15 所示,事先在首层地面上埋设轴线点的固定标志,轴线点之间应构成矩形或十字形等,作为整个高层建筑的轴线控制网。各标志的上方每层楼板都预留孔洞,供吊锤线通过。投测时,在施工层楼面上的预留孔上安置挂有吊线坠的十字架,慢慢移动十字架,当吊锤尖静止地对准地面固定

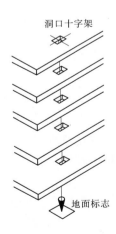

图 10-15 吊线坠法投测

标志时,十字架的中心就是应投测的点,在预留孔四周做上标志即可,标志连线交点,即为从首层投上来的轴线点。同理测设其他轴线点。

10.6.1.3 垂准仪法

垂准仪法就是利用能提供铅直向上(或向下)视线的专用测量仪器,进行竖向投测。

常用的仪器有垂准经纬仪、激光经纬仪和激光垂准仪等。

用垂准仪法进行高层建筑的轴线投测,具有占地小、精度高、速度快的优点,在高层建筑施工中用得越来越多。垂准仪法也需要事先在建筑底层设置轴线控制网,建立稳固的轴线标志,在标志上方每层楼板都预留孔洞(大于 15 cm × 15 cm),供视线通过。

1. 垂准经纬仪

如图 10-16 所示,该仪器的特点是在望远镜的目镜位置上配有弯曲成 90° 的目镜,使仪器视准轴能够铅直指向正上方。该仪器的中轴是空心的,也可以使仪器观测正下方的目标。

使用时,将仪器安置在首层地面的轴线点标志上,严格对中、整平,如图 10-17(a)所示,由弯管目镜观测,当仪器水平转动一周时,若视线一直指向一点上,说明视线方向处于铅直状态,可以向上投测。投测时,视线通过楼板上预留的孔洞,将轴线点投测到施工层楼板的透明板上定点。为了提高投测精度,应将仪器照准部水平旋转一周,在透明板上投测多个点,这些点应构成一个小圆,然后取小圆的中心作为轴线点的位置。同法用盘右再投测一次,取两次的中点作为最后结果。

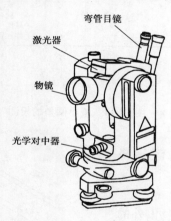

图 10-16　垂准经纬仪

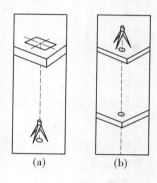

图 10-17　垂准经纬仪投测

如果把垂准经纬仪安置在浇筑后的施工层上,将望远镜调成铅直向下的状态,视线通过楼板上预留的孔洞,照准首层地面的轴线点标志,也可将下面的轴线点投测到施工层上来,如图 10-17(b)所示。

该仪器竖向投测方向观测中误差不大于 ±6″,即 100 m 高处投测点位误差为 ±3 mm,相当于约 1/30 000 的铅垂度,能满足高层建筑对竖向的精度要求。

2. 激光经纬仪

图 10-18 所示为装有激光器的苏州第一光学仪器厂生产的 J2 - JDE 激光经纬仪,它是在望远镜筒上安装一个氦氖激光器,用一组导光系统把望远镜的光学系统联系起来,组成激光发射系统,再配上电源,便成为激光经纬仪。为了测量时观测目标方便,激光束进入发射系统前设有遮光转换开关。遮去发射的激光束,就可在目镜(或通过弯管目镜)处观测目标,而不必关闭电源。

激光经纬仪用于高层建筑轴线竖向投测,其方法与配弯管目镜的经纬仪是一样的,只不过是用可见激光代替人眼观测。投测时,在施工层预留孔中央设置用透明聚酯膜片绘制的接收靶,在地面轴线点处对中、整平仪器,起辉激光器,调节望远镜调焦螺旋,使投射在接收靶上的激光束光斑最小,再水平旋转仪器,检查接收靶上光斑中心是否始终在同一点,或画出一个很小的圆圈,以保证激光束铅直,然后移动接收靶使其中心与光斑中心或小圆圈中心重合,将接收靶固定,则靶心即为欲投测的轴线点。

3. 激光垂准仪

如图 10-19 所示为苏州第一光学仪器厂生产的 DJJ$_2$ 激光垂准仪,主要由氦氖激光器、竖轴、水准管、基座等部分组成。激光垂准仪用于高层建筑轴线竖向投测时,其原理和方法与激光经纬仪基本相同,主要区别在于对中方法。激光经纬仪一般用光学对中器,而激光垂准仪用激光管尾部射出的光束进行对中。

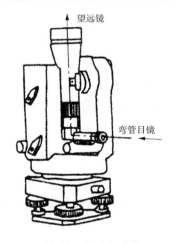

图 10-18 激光经纬仪

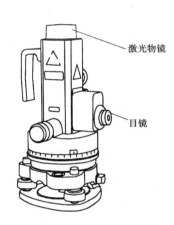

图 10-19 激光垂准仪

10.6.2 高层建筑的高程传递

高层建筑各施工层的标高,是由底层 ±0.000 标高线传递上来的。标高传递的常用方法有以下两种。

10.6.2.1 用钢尺直接测量

一般用钢尺沿结构外墙、边柱或楼梯间,由底层 ±0.000 标高线向上竖直量取设计高差,即可得到施工层的设计标高线。用这种方法传递高程时,应至少由三处底层标高线向上传递,以便于相互校核。由底层传递到上面同一施工层的几个标高点,必须用水准仪进行校核,检查各标高点是否在同一水平面上,其误差应不超过 ±3 mm。合格后以其平均标高为准,作为该层的地面标高。若建筑高度超过一尺段(30 m 或 50 m),可每隔一个尺段的高度,精确测设新的起始标高线,作为继续向上传递标高的依据。

10.6.2.2 悬吊钢尺法

悬吊钢尺法即大高差放样法,如图 10-20(a)所示,在外墙悬吊一根钢尺,分别在地面和楼面上安置水准仪,将标高传递到楼面上;亦可在楼梯间悬吊钢尺,进行标高传递,如图 10-20(b)所示。用于高层建筑传递高程的钢尺,应经过检定,测定高差时尺端应悬吊额定重量(等于额定拉力)的重锤,并应进行温度改正。

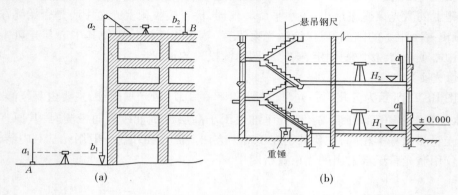

图 10-20　吊钢尺法传递高程

任务 10.7　工业厂房控制网和柱列轴线的测设

10.7.1　厂房控制网的测设

工业建筑主要以厂房为主,而工业厂房多为排柱式建筑,跨距和间距大,但隔墙少,平面布置简单,所以厂房施工中多采用由柱轴线控制桩组成的厂房矩形方格网作为厂房的基本控制网,如图 10-21 所示。

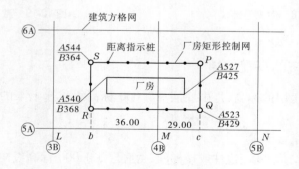

图 10-21　矩形控制网

厂房矩形控制网应布置在基坑开挖范围线以外 1.5 ~ 4 m 处,其边线与厂房主轴线平行,除厂房主轴线控制桩外,在控制网各边每隔若干柱间距埋设一个距离控制桩,其间距一般为厂房柱距的倍数,但不要超过所用钢尺的整尺长。

厂房矩形控制网的测设方法,如图 10-21 所示,将经纬仪安置在建筑方格网点 M 上,分别精确照准 L、N 点,自 M 点沿视线方向分别量取 $Mb = 36.00$ m 和 $Mc = 29.00$ m,定出

b、c 两点。然后,将经纬仪分别安置于 b、c 两点上,用测设直角的方法分别测出 bS、cP 方向线,沿 bS 方向测设出 R、S 两点,沿 cP 方向测设出 Q、P 两点,分别在 P、Q、R、S 四点上钉立木桩,做好标志。最后用经纬仪检查矩形控制网 P、Q、R、S 四大角是否符合精度要求,一般情况下,其误差不应超过 ±10″;用钢尺检查各边长度,其相对误差不应超过 1/10 000。然后,在控制网各边上按一定距离测设距离指示桩,以便对厂房进行细部放样。

10.7.2　厂房柱列轴线的测设

如图 10-22 所示,A、B、C 及 1、2、3…轴线分别是厂房的纵、横柱列轴线,又称为定位轴线。纵向轴线的距离表示厂房的跨度,横向轴线的距离表示厂房的柱距。

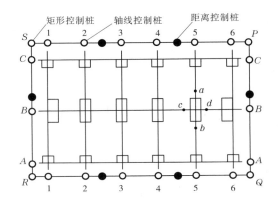

图 10-22　厂房柱列轴线测设

在厂房控制网建立以后,即可按柱列间距和跨距用钢尺从靠近的距离控制桩量起,沿矩形控制网各边定出各柱列轴线桩的位置,并在桩顶上钉入小钉,作为桩基放线和构件安装的依据。但应注意,在进行柱基测设时,定位轴线不一定是柱的中心线,一个厂房的柱基类型很多,尺寸不一,放样时应特别注意。

任务 10.8　工业厂房柱基测设和安装测量

10.8.1　柱基测设

柱基的测设应以柱列轴线为基线,按基础施工图中基础与柱列轴线的关系尺寸进行。现以图 10-22 所示 B 轴与 5 轴交点处的柱基为例,说明柱基的测设方法。

首先将两台经纬仪分别安置在 B 轴与 5 轴一端的轴线控制桩上,瞄准各自轴线另一端的轴线控制桩,交会定出轴线交点作为该基础的定位点(注意:该点不一定是基础中心点)。在轴线上沿基础开挖边线以外 1～2 m 处打入四个定位小木桩,如图 10-22 中的 a、b、c、d 所示,并在桩上钉上小钉以标明点位。再根据基础详图的尺寸和基坑放坡宽度,量出基坑的开挖边线,并撒上白灰标明开挖范围。如图 10-23 所示。

当基坑挖到一定深度后,用水准仪在坑壁四周离坑底 0.3～0.5 m 处测设几个水平桩,作为检查坑底标高和打垫层的依据,如图 10-24 所示,图中垫层标高桩在打垫层前测设。

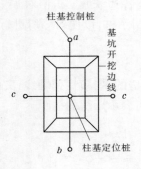

图 10-23　柱基测设

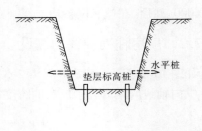

图 10-24　基坑水平桩和垫层标高桩测设

基础垫层做好后,根据基坑旁的定位小木桩,用拉线吊垂球法将基础轴线投测到垫层上,弹出墨线,作为柱基础立模和布置钢筋的依据。

立模板时,将模板底线对准垫层上的定位线,并用垂球检查模板是否垂直。最后将柱基顶面设计高程测设在模板内壁。

10.8.2　厂房构件的安装测量

装配式单层厂房主要由柱子、吊车梁、屋架、天窗架和屋面板等主要构件组成。一般工业厂房都采用预制构件在现场安装的办法施工。下面着重介绍柱子、吊车梁和吊车轨道等构件在安装时的测量工作。

10.8.2.1　柱子安装测量

1.安装前的准备工作

1)柱基弹线

柱子安装前,先根据轴线控制桩,把定位轴线投测到杯形基础顶面上,并用红油漆画上"▶"标志,作为柱子中心的定位线,如图 10-25 所示。当柱列轴线不通过柱子中心线时,应在基础顶面加弹柱子中心定位线,仍用红油漆画上"▶"标志。同时用水准仪在杯口内壁测设 -0.600 m 的标高线,并画出"▼"标志,作为杯底找平的依据。

2)柱子弹线

如图 10-26 所示,在每根柱子的三个侧面上弹出柱中心线,并在每条线的上端和下端近杯口处画"▶"标志,并根据牛腿面设计标高,从牛腿面向下用钢尺量出 -0.600 m 的标高线,并画出"▼"标志。

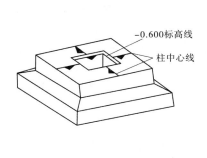

图 10-25　基础杯口弹线

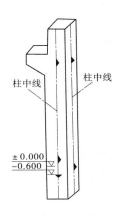

图 10-26　柱身弹线

3）杯底找平

先量出柱子 - 0.600 m 标高线至柱底面的高度,再在相应柱基杯口内,量出 - 0.600 m 标高线至杯底的高度,并进行比较,以确定杯底找平层厚度。然后用 1∶2 水泥砂浆在杯底进行找平,使牛腿面符合设计高程。

2. 柱子的安装测量

柱子安装测量的目的是保证柱子平面和高程位置符合设计要求,柱身竖直。

柱子吊起插入杯口后,使柱脚中心线与杯口顶面中心线对齐,用木楔或钢楔暂时固定,如有偏差,可用锤敲打楔子拨正,其允许偏差为 ±5 mm。然后用两台经纬仪分别安置在互相垂直的两条柱列轴线上,离开柱子的距离约为柱高的 1.5 倍处同时观测,如图 10-27 所示。观测时,经纬仪先照准柱子底部的中心线,固定照准部,逐渐仰起望远镜,直至柱顶,校正柱顶轴线至竖直位置。

实际安装时,一般是一次把许多根柱子都竖起来,然后进行竖直校正。这时可把两台经纬仪分别安置在纵横轴线的一侧,与轴线成 15° 以内的方向上,一次校正几根柱子,如图 10-28 所示。

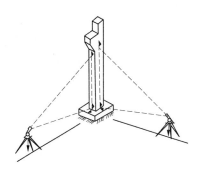

图 10-27　单根柱子校正

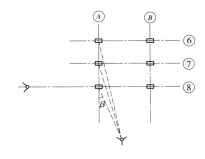

图 10-28　多根柱子校正

3. 柱子校正时的注意事项

（1）校正用的经纬仪事前应经过严格校正，因为校正柱子垂直度时，往往只用盘左或盘右观测，仪器误差影响很大。操作时还应注意使照准部水准管气泡严格居中。

（2）柱子在两个方向的垂直度都校正好后，应再复查平面位置，看柱子下部的中心线是否仍对准基础的轴线。

（3）考虑到过强的日照将使柱子产生弯曲，使柱顶发生位移，当对柱子垂直度要求较高时，柱子垂直度校正应尽量选择在早晨无阳光直射或阴天时校正。

10.8.2.2 吊车梁、吊车轨及屋架的安装测量

吊车梁的安装测量主要是保证梁的上、下中心线与吊车轨的设计中心线在同一竖直面内以及梁面标高与设计标高一致。安装前首先应检查各牛腿面的标高，并在吊车梁顶面和梁两端弹出中心线，再依柱列轴线将吊车梁中心线投到牛腿面上。安装时使梁端中心线与牛腿面梁中心线相重合，使梁初步定位，然后用经纬仪校正。校正方法是根据柱列轴线用经纬仪在地面上放出一条与吊车梁中心线平行且距离为 d（如 1.000 m）的校正轴线，如图 10-29 所示，在校正轴线一端点处安置经纬仪，固定照准部，上仰望远镜，照准放置在吊车梁顶面的木尺，移动吊车梁，使吊车梁中心线至校正轴线的距离为 d 时为止。

在校正吊车梁平面位置的同时，用吊垂球的方法检查吊车梁的垂直度，不满足时在吊车梁支座处加垫块校正。在吊车梁就位后，先根据柱面上定出的吊车梁设计标高线检查梁面的标高，并进行调整，不满足时用抹灰调整。再把水准仪安置在吊车梁上，进行精确检测实际标高，其误差应在 ±3 mm 以内。

吊车轨按校正过的中心线安装就位，然后将水准仪安置在吊车梁上进行检测，轨面上每隔 3 m 测定一点标高，误差应在 ±3 mm 以内。最后用钢尺悬空丈量轨道上对应中心线点间的跨距，其误差不得超过 ±10 mm。

屋架的安装测量与吊车梁安装测量的方法基本相似。如图 10-30 所示，屋架的垂直度是靠安装在屋架上的三把卡尺，通过经纬仪进行检查、调整。

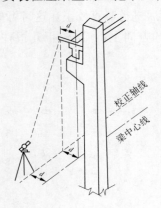

图 10-29　吊车梁安装校正

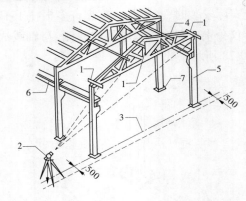

1—卡尺；2—经纬仪；3—定位轴线；

4—屋架；5—柱；6—吊车梁；7—基础

图 10-30　屋架安装测量　（单位：mm）

任务 10.9　建筑物定位实习（直角坐标法）

10.9.1　目的

掌握直角坐标法定位建筑物。

10.9.2　仪器工具

经纬仪 1 台,测钎 2 支,钢尺 1 把,木桩 9 个,水准仪 1 台。

10.9.3　步骤

在合适的场地打下 A、B 木桩,并做标志,使 $AB = 50$ m,如图 10-31 所示。

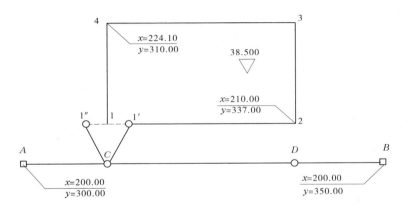

图 10-31　直角坐标法定位　　（单位:mm）

（1）安置经纬仪于 A 点,完成对中、整平工作。瞄准 B 点,在望远镜视线方向上,用钢尺丈量水平距离 AC,插下测钎,在测钎处打下了木桩;重新在视线方向丈量水平距离 AC 并在木桩上锤入小钉做出标志 C。同法在视线方向丈量距离 CD,定出 D 点。

（2）把经纬仪移至 C 点,安置好,盘左瞄准 B 点,旋转度盘变换手轮使水平读数为 $00°00'00''$,转动照准部,使水平度盘读数为 $270°00'00''$;拧紧制动螺旋,在视线方向丈量距离 $C1$,参照（1）中方法,用铅笔在桩顶标记出 $1'$ 点。在盘右位置,同法在同一木桩上标记出 $1''$ 点,当 $1'1''$ 的长度在允许范围内时,取平均位置定下 1 点,并锤入一小钉。同法标出 4 点。

（3）将经纬仪移至 D 点,后视 A 点,采用类似（2）的方法标定出 2、3 两点。

（4）检核。分别测量水平角 $\angle 4$、$\angle 3$,观测值与设计值的差不应超过 $\pm 1'$;测量 3、4 两点水平距离 d,计算 $e = \dfrac{\Delta\alpha}{\rho} \times d$ 及相对误差,相对误差不超过 $\dfrac{1}{1\,000}$。

10.9.4　注意事项

（1）仪器精确对中、整平,瞄准目标时应尽可能瞄准底部。

（2）测量的角度和距离应进行检核。

10.9.5　记录计算

$D_{AC} = \underline{\hspace{2cm}}$　　$D_{BD} = \underline{\hspace{2cm}}$

$D_{D1} = \underline{\hspace{2cm}}$　　$D_{D2} = \underline{\hspace{2cm}}$

$D_{12} = \underline{\hspace{2cm}}$　　$D_{14} = \underline{\hspace{2cm}}$

$D_{34} = \underline{\hspace{2cm}}$　　$D_{32} = \underline{\hspace{2cm}}$

$\angle 412 = \underline{\hspace{2cm}}$　　$\angle 123 = \underline{\hspace{2cm}}$

$\angle 234 = \underline{\hspace{2cm}}$　　$\angle 421 = \underline{\hspace{2cm}}$

习题与作业

1. 民用建筑施工测量前应进行哪些准备工作?

2. 按施工进程,简述民用建筑施工测量的工作内容和作业方法。

3. 施工控制桩和龙门板的作用是什么? 设置施工控制桩和龙门板时应注意哪些问题?

4. 一般民用建筑施工中,应如何投测轴线? 如何传递标高?

5. 在高层建筑施工中,应如何投测轴线? 如何传递标高?

6. 在工业厂房施工测量中,为什么要建立独立的厂房控制网? 为何在控制网中设置距离指示桩?

7. 简述工业厂房柱列轴线的测设方法。

8. 简述工业厂房柱基的测设方法。

9. 如何进行柱子吊装的竖直校正工作? 有哪些具体要求?

项目11　路线工程测量

线路工程测量是铁路、公路、索道、输电线路及管道等线路工程,在勘测设计、施工建造和运营管理的各个阶段进行的测量。

任务 11.1　道路中线测量

道路是一个空间三维的工程结构物。它的中线是一条空间曲线,其中线在水平面的投影就是平面线形。在路线方向发生改变的转折处,为了满足行车要求,需要用适当的曲线把前、后直线连接起来,这种曲线称为平曲线。平曲线包括圆曲线和缓和曲线。道路平面线形是由直线、圆曲线、缓和曲线三要素组成的,如图11-1所示。圆曲线是具有一定曲率半径的圆弧。缓和曲线(回旋线)是在直线与圆曲线之间或两不同半径的圆曲线之间设置的曲率连续变化的曲线。我国公路缓和曲线的形式采用回旋线。道路中线测量是通过直线和曲线的测设,将道路中线的平面位置具体地敷设到地面上去,并标定出其里程,供设计和施工之用。道路中线测量也叫中桩放样。

图 11-1　道路平面线形

11.1.1　交点的测设

在路线测设时,应先定出路线的转折点,这些转折点称为交点,它是中线测量的控制点。交点的测设可采用现场标定的方法,即根据既定的技术标准,结合地形、地质等条件,在现场反复比较,直接定出路线交点的位置。这种方法不需测地形图,比较直观,但只适用于等级较低的公路。对于高等级公路或地形复杂、现场标定困难的地段,应采用纸上定线的方法,先在实地布设导线,测绘大比例尺地形图(通常为 1/1 000 或 1/2 000 地形图),在图上定出路线,再到实地放线,把交点在实地标定下来。一般可用以下两种方法。

11.1.1.1　放点穿线法

这种方法是利用地形图上的测图导线点与图上定出的路线之间的角度和距离关系,在实地将路线中线的直线段测设出来,然后将相邻直线延长相交,定出交点桩的位置。具体测设步骤如下:在地面上测设路线中线的直线部分,只需定出直线上若干个点,就可确定这一直线的位置。如图11-2所示,欲将纸上定线的两直线 $JD_3 \sim JD_4$ 和 $JD_4 \sim JD_5$,测设于地面,只需在地面上定出 1、2、3、4、5、6 等临时点即可。这些临时点可选择支距点,即垂直于导线边、垂足为导线点的直线与纸上定线的直线相交的点,如 1、2、4、6 点;亦可选择测图导线边与纸上定线的直线相交的点,如 3 点;或选择能够控制中线位置的任意点,如 5 点,用极坐标法放样。为便于检查核对,一条直线应选择三个以上的临时点。这些点一般应选在地势较高、通视良好、距导线点较近、便于测设的地方。

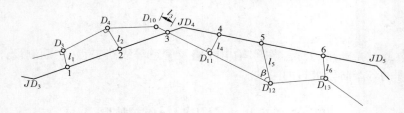

图 11-2 放点穿线法

临时点选定之后,即可在图上用比例尺和量角器量取放点所用的距离和角度,如图 11-2 中距离 l_1、l_2、l_3、l_4、l_5、l_6 和角度,然后绘制放点示意图,标明点位和数据作为放点的依据。放点时,在现场找到相应的导线点。临时点如果是支距点,可用支距法放点。用方向架定出垂线方向,再用皮尺量出支距定出点位;如果是任意点,则用极坐标法放点,将经纬仪安置在相应的导线点上,拨角定出临时点方向,再用皮尺量距定出点位。

11.1.1.2 穿线

由于测量仪器、测设数据及放点操作存在误差,在图上同一直线上的各点放于地面后,一般均不能准确位于同一直线上,因此需要通过穿线,定出一条尽可能多的穿过或靠近临时点的直线(见图 11-3)。穿线可用目估或经纬仪进行。

图 11-3 穿线

如图 11-3 所示采用目估法,先在适中的位置选择 A、B 点竖立花杆,一人在 AB 延长线上观测,看直线 AB 是否穿过多数临时点或位于它们之间的平均位置。否则移动 A 或 B,直到达到要求。最后在 A、B 或其方向线上打下两个以上的控制桩,称为直线转点桩 ZD,直线即固定在地面上。采用经纬仪穿线时,仪器可置于 A 点,然后照准大多数临时点所靠近的方向定出 B 点。也可将仪器置于直线中部较高的位置,瞄准一端多数临时点都靠近的方向,倒镜后如视线不能穿过另一端多数临时点所靠近的方向,则将仪器左右移动,重新观测,直到达到要求,最后定出转点桩。

11.1.1.3 里程桩的设置

里程桩又称中桩,表示该桩至路线起点的水平距离。如:K7 + 814.19 表示该桩距路线起点的里程为 7 814.19 m,分为整桩和加桩。里程桩的设置见图 11-4。

(1)整桩。一般每隔 20 m 或 50 m 设一个。

(2)加桩分为地形加桩、地物加桩、人工结构物加桩、工程地质加桩、曲线加桩和断链加桩(如:改 K1 + 100 = K1 + 080,长链 20 m)。

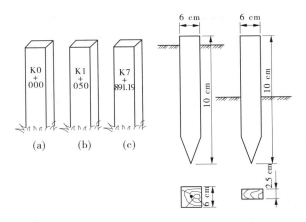

图 11-4 里程桩的设置

任务 11.2 道路曲线测设

公路路线平曲线测设是公路工程测量的重要组成部分。平曲线基本形式有:圆曲线、缓和曲线、复曲线和回头曲线等。本任务主要介绍圆曲线的常规测设原理与方法。在路线平曲线测设中,圆曲线是路线平曲线的基本组成部分,且单圆曲线是最常见的曲线形式。圆曲线的测设工作一般分两步进行,先定出曲线上起控制作用的点,称为曲线的主点测设,然后在主点基础上进行加密,定出曲线上的其他各点,完整地标定出圆曲线的位置,这项工作称为曲线的详细测设。

11.2.1 圆曲线测设元素的计算

在图 11-5 中:

P 点——公路路线测量中所测定的交
点 JD 位置;

α ——路线转角;

R ——圆曲线半径;

A 点和 B 点——直线与圆曲线的切
点,即圆曲线的起点
ZY 和终点 YZ;

M 点——分角线与圆曲线的相交点,
即圆曲线的中点 QZ;

T ——圆曲线的切线长;

L ——圆曲线的曲线长;

E ——交点 JD 至圆曲线中点 M 的距

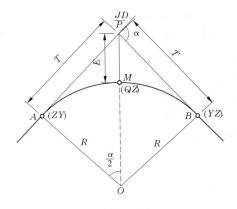

图 11-5 圆曲线测设元素的计算

离,称为外距。

根据图中的几何关系,单圆曲线元素按下列公式计算:

切线长:
$$T = R\tan\frac{\alpha}{2} \tag{11-1}$$

曲线长:
$$L = \frac{\pi}{180°}\alpha R \tag{11-2}$$

外距:
$$E = R(\sec\frac{\alpha}{2} - 1) \tag{11-3}$$

另外,为了计算里程和校核,还应计算切曲差(超距),即两切线长与曲线长的差值。

切曲差(超距):
$$D = 2T - L \tag{11-4}$$

11.2.2 圆曲线的主点测设

单圆曲线有三个主点,即曲线起点(ZY)、曲线中点(QZ)和曲线终点(YZ)。它们是确定圆曲线位置的主要点位。在其点位上的桩称为主点桩,是圆曲线测设的重要桩位。

11.2.2.1 主点里程桩号的计算

在中线测时中,路线交点(JD)的里程桩号是实际丈量的,而曲线主点的里程桩号是根据交点的里程桩号推算而得的。其计算步骤如下:

交点 JD 里程

           $-)$ T

圆曲线起点 ZY 里程

           $+)$ L

圆曲线终点 YZ 里程

           $-)$ $L/2$

圆曲线中点 QZ 里程

           $+)$ $D/2$

校核 JD 里程

11.2.2.2 主点的测设

如图 11-5 所示,自路线交点 JD 分别沿后视方向和前视方向量取切线长 T,即得曲线起点 ZY 和曲线终点 YZ 的桩位。再自交点 JD 沿分角线方向量取外距 E,便是曲线中点 QZ 的桩位。

【例 11-1】 路线交点 JD_{12} 的里程为 K8 +518.88,转角 $\alpha = 104°40'$,圆曲线半径 $R = 30$ m,求圆曲线的主点里程。

解: 圆曲线元素的计算:

$$T = R\tan\frac{\alpha}{2} = 30 \times \tan\frac{104°40'}{2} = 38.86(\text{m})$$

$$L = \frac{\pi}{180°}\alpha R = \frac{\pi}{180°} \times 104°40' \times 30 = 54.80(\text{m})$$

$$E = R(\sec\frac{\alpha}{2} - 1) = 30 \times (\sec\frac{104°40'}{2} - 1) = 19.09(\text{m})$$

$$D = 2T - L = 2 \times 38.86 - 54.80 = 22.92(\text{m})$$

圆曲线主点里程计算：

	JD_{12}	K8 + 518.88
$-$)	T	38.86
	ZY	K8 + 480.02
$+$)	L	54.80
	YZ	K8 + 534.82
$-$)	$L/2$	27.40
	QZ	K8 + 507.42
$+$)	$D/2$	11.46
校核	JD_{12}	K8 + 518.88

11.2.3　圆曲线的详细测设

在公路中线测量中，为更详细、更准确地确定路中线位置，除测定圆曲线主点外，还要按有关技术要求和规定桩距在曲线主点间加密设桩，进行圆曲线的详细测设。加密设桩的方法通常有两种：一种是整桩距法，即从曲线起点（或终点）开始，以相等的整桩距（整弧段）向曲线中点设桩，最后余下一段不足整桩距的零桩距。这种方法的桩号除加设百米和公里桩外，其余桩号均不为整数；另一种是整桩号法，即将靠近曲线起点（或终点）的第一个桩号凑为整数桩号，然后按整桩距向曲线中点连续设桩，这种方法除个别加桩外，其余的桩号均为整桩号。

圆曲线详细测设方法很多，但最常用的有以下两种。

11.2.3.1　切线支距法

1.切线支距法原理

如图 11-6(a)所示，切线支距法是以曲线的起点或终点为坐标原点，坐标原点至交点的切线方向为 X 轴，坐标原点至圆心的半径为 Y 轴。曲线上任意一点 P 即可用坐标值 x 和 y（即切线支距）来确定。

2.切线支距的计算

设 P 为所要设置的曲线上任意一点，P 到曲线起点（或终点）的弧长 l，相对应的圆心角为 φ，如图 12-6(a)所示，则 P 点的坐标为

$$\left.\begin{array}{l} x = R\sin\varphi \\ y = R(1 - \cos\varphi) \end{array}\right\} \tag{11-5}$$

式中：

$$\varphi = \frac{l}{R}\frac{180°}{\pi}$$

3.切线支距法的测设方法

为避免支距过长，无论是计算或设置，一般都是以曲线中点 QZ 为界，将曲线分为两部分进行测设。如图 11-6(b)所示，其测设步骤如下：

(1)根据曲线桩点的计算资料 $P_i(x_i、y_i)$，从 ZY（或 YZ）点开始用钢尺或皮尺沿切线方向量取 P_i 点的横坐标 $x_1、x_2、x_3$，得垂足 $N_1、N_2、N_3$。

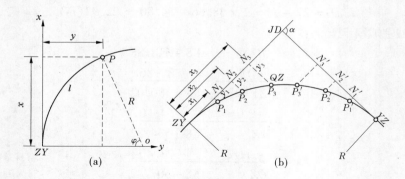

图 11-6　切线支距法原理

（2）在垂足点 N_i 用方向架（或经纬仪）定出切线的垂线方向，沿此方向量出纵坐标 y_1、y_2、y_3，即可定出曲线上 P_1、P_2、P_3 点位置。

（3）校核方法：丈量所定各桩点间的弦长来进行校核，如果不符或超限，应查明原因，予以纠正。

切线支距法适用于平坦开阔地区，方法简便，工效快，一般不用经纬仪。尤其是该设置方法的测点相互独立，无积累误差。但当纵坐标过大时，测设 y 距的误差会增大，故应选择其他方法进行详细测设。

【例 11-2】　在例 11-1 的基础上，若取用桩距 $l_0 = 10\ \text{m}$，试按整桩距法和整桩号法设桩，计算用切线支距法详细测设圆曲线的测设数据。

解：依据例 11-1 所求圆曲线主点里程和桩距 $l_0 = 10\ \text{m}$ 的设桩要求，应用公式所计算的按整桩距法设桩与按整桩号法设桩）测设数据计算见表 11-1、表 11-2。

表 11-1　圆曲线支距计算（整桩距法）

桩号	各桩至起点曲线长 l	x	y	桩号	各桩至起点曲线长 l	x	y
ZY K8 + 480.02	0	0	0	+514.82	20.00	18.55	6.42
+490.02	10.00	9.82	1.65	+524.82	10.00	9.82	
+500.00	19.98	18.54	6.41	YZ K8 + 534.82	0	0	0
QZ K8 + 507.42	27.40	23.75	11.67				

表 11-2　圆曲线支距计算表（整桩号法）

桩号	各桩至起点曲线长 l	x	y	桩号	各桩至起点曲线长 l	x	y
ZY K8 + 480.02	0	0	0	+510.00	24.82	22.08	9.69
+490.00	0.98	9.80	1.64	+520.00	14.82	14.22	3.59
+500.00	19.98	18.54	6.41	+530.00	4.82	4.80	0.39
QZ K8 + 507.42	27.40	23.75	11.67	YZ K8 + 534.82	0	0	0

11.2.3.2　偏角法

1. 偏角法原理

如图 11-7 所示，偏角法是以曲线起点（或终点）至曲线上任一点 P 的弦线与切线之间的偏角（弦切角）Δ 和弦长 C 来确定 P 点的位置的。

根据几何原理，偏角应等于相应弧长所对圆心角之半，即

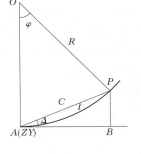

图 11-7　偏角法原理

偏角：
$$\Delta = \frac{\varphi}{2} = \frac{l}{2R} \frac{180°}{\pi} \tag{11-6}$$

弦长：
$$C = 2R\sin\frac{\varphi}{2} = 2R\sin\Delta \tag{11-7}$$

弧弦差：
$$\delta = l - C \frac{l^3}{24R^2} \tag{11-8}$$

2. 偏角法的测设方法

1）计算测设数据

偏角法测设曲线，一般以整桩号法设桩。如图 11-8 所示，除首尾段的弧长 l_A、l_B 小于整弧段（整桩距）l_0 外，其余均为整弧段。设 l_A、l_B 和 l_0 相对应的圆心角为 φ_A、φ_B 和 φ_0，相对应的偏角为 Δ_A、Δ_B 和 Δ_0，按式（11-6）则有：

P_1 点：
$$\Delta_1 = \frac{\varphi_A}{2} = \frac{l_A}{2R} \frac{180°}{\pi} = \Delta_A$$

P_2 点：
$$\Delta_2 = \frac{\varphi_A + \varphi_0}{2} = \Delta_A + \Delta_0$$

P_3 点：
$$\Delta_3 = \frac{\varphi_A + 2\varphi_0}{2} = \Delta_A + 2\Delta_0 \tag{11-9}$$

P_{n+1} 点：
$$\Delta_{n+1} = \frac{\varphi_A + n\varphi_0}{2} = \Delta_A + n\Delta_0$$

终点：
$$\Delta_{YZ} = \frac{\varphi_A + n\varphi_0 + \varphi_B}{2} = \Delta_A + n\Delta_0 + \Delta_B$$

弦长：
$$C_i = 2R\sin\frac{\varphi_i}{2} = 2R\sin\Delta_i \tag{11-10}$$

弧弦差：
$$\delta_i = l_i - C_i = \frac{l_i^3}{24R^2} \tag{11-11}$$

式中：
$$\varphi_i = \frac{l_i}{2R} \frac{180°}{\pi} \tag{11-12}$$

由上可知，曲线上各点的偏角等于该点至起点所包含弧段偏角的总和，而以曲线起点至终点的偏角称为总偏角，应等于转角的，以此来校核偏角计算的正确性。即

$$\Delta_{YZ} = \Delta_A + n\Delta_0 + \Delta_B = \frac{\alpha}{2} \tag{11-13}$$

2）测设方法

如图 11-8 所示，先将经纬仪置于曲线起点 $A(ZY)$，使水平度盘读数配置为起始读数

（360° − Δ_A），后视交点 JD 得切线方向。然后转动照准部,使水平度盘读数为 00°00′00″,即得 AP_1 方向,从 A 点沿此方向量取首段弦长 C_A 便得 P_1 点;再转动照准部使水平度盘读数为 Δ_0,即得 AP_2 方向,从 P_1 点量出整弧段 l_0 所对的弦长 C_0 与 AP_2 方向相交得 P_2 点。同法依次转动照准部,使水平度盘读数分别为 $2\Delta_0$、$3\Delta_0$、…、$n\Delta_0$,即得 AP_3、AP_4、…、AP_{n+1} 方向,再依次取弦长 C_0 与上述方向线相交便得 P_3、P_4、…、P_{n+1} 等点,最后由 P_{n+1} 点量取尾段弦长 CB 与 AB 方向相交,其交点应闭合在曲线终点 YZ 上。

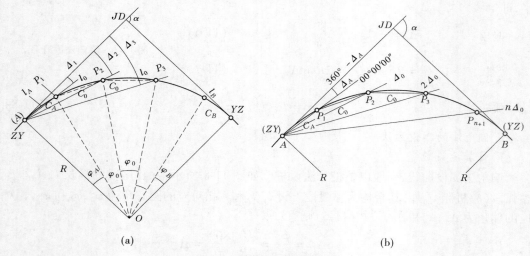

图 11-8　偏角法的测设方法

需要注意的是,用偏角法设置曲线时,若从切线方向开始顺时针拨角,称为正拨,其偏角是正拨偏角;若从切线方向开始逆时针拨角,称为反拨,其偏角是反拨偏角。反拨偏角 = 360° − 正拨偏角。偏角法是一种测设精度较高、实用性较强、灵活性较大的常用方法。但这种方法若依次从前一点量取弦长,则存在着测点误差累积的缺点,所以测设中宜在曲线中点分别向两端测设或由两端向中点测设。

任务 11.3　线路纵、横断面测量

路线纵断面测量,又称中线高程测量,它的任务是在道路中线测定之后,测定中线各里程桩的地面高程,供路线纵断面图点绘地面线和设计纵坡之用。路线纵断面高程测量采用水准测量。纵断面测量可分为基平测量和中平测量。横断面测量是测定路中线各里程桩两侧垂直于中线方向的地面高程,供路线横断面图绘制线、路基设计、土石方数量计算以及施工边桩放样等使用。

11.3.1　纵断面测量

11.3.1.1　基平测量

基平测量的目的是测量出沿线路水准点的高程。

（1）水准点的设置。横向位置应设在不易破坏且方便之处,一般离中线 50 ~ 100 m

见图 11-9。

纵向密度山区（见图 11-10）：相隔 0.5～1 km；平原区：相隔 1～2 km。每 5 km、线路起终点、重要工程处，设永久性水准点。

（2）基平测量的方法，路线一般采用附合水准路线使用仪器不低于 DS₃

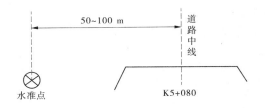

图 11-9　水准点的设置横向位置

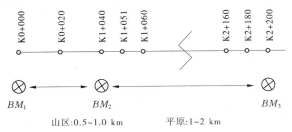

图 11-10　水准点的设置纵向密度山区

型精度的水准仪或全站仪按三、四等水准测量规范进行往返测，用全站仪测高程和水准仪测量高差是不同的，全站仪是在要测量的两点分别架仪器和立棱镜，水准仪是在两点中间架仪器。

11.3.1.2　中平测量

中平测量目的是在基平测量后提供的水准点高程的基础上，测定各个中桩的高程。

1. 水准仪法

从一个水准点出发，按普通水准测量的要求，用"视线高法"测出该测段内所有中桩地面高程最后附合到另一个水准点上，如图 11-11 所示。

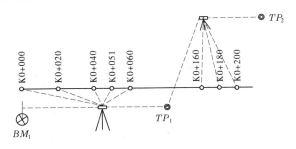

图 11-11　水准仪法中平测量

2. 全站仪法

先在 BM_1 上测定各转点 TP_1、TP_2 的高程，再在 TP_1、TP_2 上架仪，测定各桩点的高程，其原理即为三角高程测量原理。全站仪中平测量见图 11-12。

11.3.1.3　纵断面图的绘制

以横坐标为里程，纵坐标为高程绘制纵断面图见图 11-13。

横断面测量测定线路各中桩处垂直于中线方向上的地面起伏情况，绘制横断面图，为

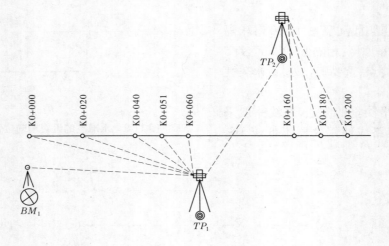

图 11-12　全站仪法中平测量

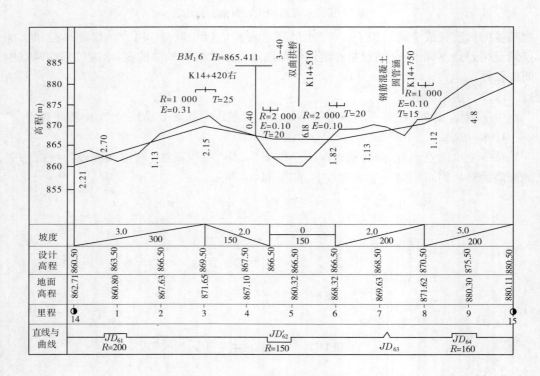

图 11-13　纵断面图的绘制

线路设计提供基础资料。方法:先确定横断面方向,再测定变坡点之间的平距及高差。利用花杆皮尺法进行横断面测量见图 11-14。横断面测量记录见表 11-3。

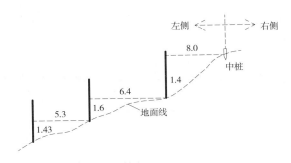

图 11-14　花杆皮尺法进行横断面测量

表 11-3　横断面测量记录表（花杆皮尺法）

左侧（单位：m）	编号	右侧（单位：m）
$\dfrac{…\text{高差}}{\text{平距差}}$		$\dfrac{\text{高差}…}{\text{平距差}}$
$\dfrac{1.43}{5.3} \leftarrow \dfrac{1.6}{6.4} \leftarrow \dfrac{1.4}{8}$	K4 + 000	$\dfrac{\times\ \times}{\times} \rightarrow \dfrac{\times\ \times}{\times} \rightarrow \dfrac{\times\ \times}{\times}$

横断面图在绘制时一般先将中桩标在图中央，再分左右侧按平距为横轴，高差为纵轴，展出各边坡点，绘出的横断面图，如图 11-15 所示。

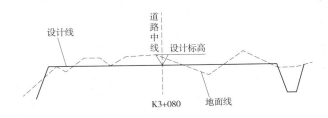

图 11-15　横断面图的绘制

任务 11.4　道路施工测量

在公路的中心施工控制桩恢复完成后，即可进行路基的土石方施工。路基施工前，应首先在地面上把路基的轮廓表示出来，即把路堤坡脚点和路堑坡顶点找出来，钉上边桩，同时还应把边坡的坡度表示出来，为路堤填筑和路堑的开挖提供施工依据。在进行路基路面施工放样以前，应首先了解路基路面设计的基本参数，以便在进行放样测量时计算放样数据。路基路面的设计是在横断面测量的基础上进行的，其中的设计参数主要包括路基宽度 B、路面宽度 b、排水沟宽度 s（梯形排水沟的边坡坡度）、填挖高度 h、路基路堑的边坡坡度 m、路基超高 Δ 和加宽等基本参数。道路结构图见图 11-16。

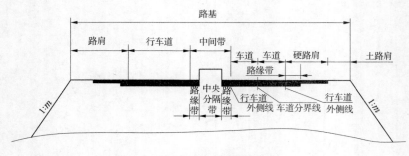

图 11-16　道路结构图

11.4.1　路基边桩放样一般要求

公路路基的边桩包括路堤的填宽边界点和路堑的开挖边界点。此外,在路基土石方施工以前还应把公路红线界桩和公路工程界桩也要在地面上标定。

路基填挖边界点是指路堤(或路堑)边坡与自然地面的交点。

公路红线界桩是指为保证公路工程设施的正常使用和行车安全,根据公路勘测设计规范所确定的公路占用土地的分界用地界桩。公路用地在土地管理中属于公用地籍,界桩的设立将标明公路用地的边界范围,界桩之间连成的线称为红线。公路红线界桩确定了公路用地的范围、归属和用途,具有保护公路用地不受侵犯的法律效力。

公路工程界桩是根据公路设计的要求,标明路基路面、涵洞、挡土墙等边界点位实际位置的桩位,如公路的路基界桩、绿化带界桩等。公路工程界桩有时可能在公路用地的边界上,这种公路工程界桩兼有红线界桩的性质。

11.4.2　公路界桩放样的基本要求

(1)公路路基边桩和公路界桩放样以前,一般是先测设红线界桩,然后测设公路工程界桩。在公路规划勘测以及初测定测的过程中,公路主管部门应与当地被征用土地的有关部门协商确认公路红线界址以及红线走向所确定的公路用地范围,办理土地征用手续。测设红线界桩确认土地征用范围,此后按公路设计文件所设计的位置测设公路工程界桩。

(2)根据界桩的性质和用途设立标志。红线界桩属于混凝土柱型永久性界桩,要求埋设稳固,长期保存。公路工程界桩,若没有兼用红线界桩的用途,则属于实用性界桩,用于指示公路修筑的位置。

(3)伴随公路施工过程及时准确测设界桩。由于公路路面等级的差异,公路路面的结构层次的等级类型各不相同,公路界桩的测设往往不是一次完成的,而是通过多次测设实现的。在较高等级的公路施工中,一般有填挖土方阶段的界桩测设;在铺筑路基路面阶段有各结构层的界桩测设,有路基各结构层、绿化带等的界桩测设。这些界桩的测设为不同等级的公路施工提供准确的平面位置和标高位置,伴随公路施工的不断深入而完成。

(4)横断面的复查。

在进行路基边桩放样以前,应首先核查横断面的地面线。核查方法,按施工要求的施工控制桩间距每隔一个桩距进行横断面测量,实测方法同横断面测量方法一样。

复查横断面的目的是为精确确定路基边桩的实地位置提供准确的计算依据,也可作为计算实际填挖土石方数量的依据。

11.4.3　路基边桩平面位置放样方法

如图 11-17 所示,H 为中心填高,宽度为 B。右侧设有护坡道,高度为 h,宽度为 b,则两侧坡脚到中心桩的平距 L_1、L_2 为

$$L_1 = hn + b + (H - h)m + \frac{B}{2} \quad (11\text{-}14)$$

$$L_2 = Hm + \frac{B}{2} \quad (11\text{-}15)$$

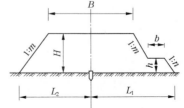

图 11-17　路基边桩平面位置

从对应的中桩开始,沿横断面方向分别放样距离 L_1、L_2,钉出边桩在实地的位置。在曲线段,可从曲线内侧的平距 L 上再加上一个加宽值 W。沿纵向连接各边桩,得到放样边坡界线。

11.4.4　路基施工阶段各层次抄平方法

11.4.4.1　填方路堤各层的抄平

填方路基在施工过程中是分层进行填筑的,各结构层的厚度又各不相同。这就需要在填筑之前先测定各结构层的顶面高程。如图 11-18 所示,图中 h 为松铺厚度,h' 为压实厚度。在填筑以前需要先标定松铺厚度 E 点的位置。

由试验路段可得该结构层所对应的松铺系数 k。

$$k = \frac{h}{h'} \quad (11\text{-}16)$$

$$h = kh' \quad (11\text{-}17)$$

结构层松铺厚度的顶面高程为 H。

$$H = H_d + h \quad (11\text{-}18)$$

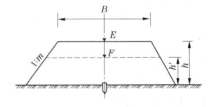

图 11-18　填方路堤各层的抄平

式中　H_d——该结构层底面高程。

采用高程放样方法用木桩标定出该施工层各高程点的位置,使木桩顶面的高程等于该结构层松铺厚度的顶面高程 H。

在各木桩顶面钉上小钉子,在钉子之间拉上细线作为填筑的依据。

当该结构层压实后,再用高程放样方法检查该结构层顶面的高程。

11.4.4.2　直线段路基顶面的抄平

当路基施工高度达到设计高程后,应检查路基中心顶面的高程及路基两侧边缘的设计高程。路面横坡度的形成,一般在路基顶面施工时就应该做成横向坡度。路基顶面的横坡和路面的横坡是一致的。

如图 11-19、图 11-20 所示,图 11-19 为路基断面图,图 11-20 为路基平面图。在图 11-20中 A、B、C、D 为路基中线施工控制桩,E、F、G、H 和 M、N、O、P 为与路中线施工控

制桩相对应的路基边线。

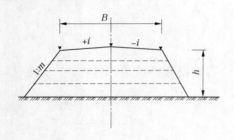

图 11-19　路基断面图

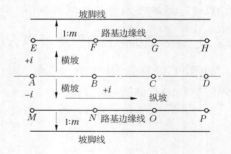

图 11-20　路基中线施工控制桩

1. 先检查路基顶面中线施工控制桩的设计标高

假定 A 点的设计标高为 H_A，路线纵坡为 $+i'$，施工控制桩间距为 10 m，则 B、C、D 点的设计标高分别为：

$$H_A = 路面顶面中心 A 点的设计标高 - 路面结构层厚度 \tag{11-19}$$

$$H_B = H_A + (+i') \times 10 \tag{11-20}$$

$$H_C = H_B + (+i') \times 10 \tag{11-21}$$

$$H_D = H_C + (+i') \times 10 \tag{11-22}$$

在已知高程为 H_{BM} 的水准点和 A 点立水准尺，水准仪后视水准点所立水准尺读数为 a，前视 A 点所立水准尺读数为 b_A。

$$H'_A = H_{BM} + (a - b_A) \tag{11-23}$$

$$\Delta_A = H'_A - H_A \tag{11-24}$$

若 $\Delta_A < 0$，A 点应填高，填高值为 Δ_A；若 $\Delta_A > 0$，则 A 点应挖低，挖低值为 Δ_A。

依次在 B 点、C 点、D 点立水准尺，分别读数为 b_B、b_C、b_D，按同样的方法分别计算 Δ_B、Δ_C、Δ_D，对 B 点、C 点、D 点进行高程检查和重新放样。

2. 检查路基边线设计标高

计算和路基中心施工控制桩 A 点相对应的两侧路基边桩 E 点和 M 点的设计标高。如图 11-20 所示，E 点和 M 点是关于 A 点对称的两个路基边缘点，设路面横坡为 i，则 E 点和 M 点的设计高程为

$$H_E = H_A - i\frac{B}{2} \tag{11-25}$$

$$H_M = H_A - i\frac{B}{2} \tag{11-26}$$

式中　B——路基宽度；

　　　i——路面横坡度。

将水准尺立于 E 点和 M 点，读数分别为 b_E、b_M。

$$H'_E = H_{BM} + (a - b_E) \tag{11-27}$$

$$H'_M = H_{BM} + (a - b_M) \tag{11-28}$$

$$\Delta_E = H'_E - H_E \tag{11-29}$$

$$\Delta_M = H'_M - H_M \tag{11-30}$$

若 $\Delta_E < 0$,则 E 点应填高 Δ_E;若 $\Delta_E > 0$,则 E 点应挖低 Δ_E。对于 M 点采用同样的方法检查。

对于路基两侧的其他各点,可采用同样方法进行检查。

11.4.5　路面放样

路面各结构层的放样方法仍然是先恢复中线,然后由中线控制边线,再放样高程控制各结构层的标高。除面层外,各结构层横坡按直线形式放样。需要注意的是,路面的加宽和超高。路面边桩的放样可以先放出中线,再根据中线的位置和横断面方向用钢尺丈量放出边桩。在高等级公路路面施工中,有时不放中桩而直接根据边桩的坐标放样边桩。

任务 11.5　管道施工测量

管道包括排水、给水、煤气、电缆、通信、输油、输气等管道。管道工程测量的主要任务包括中线测量、纵断面测量及施工测量。

管道中线测量的任务是将设计的管道中心线的位置在地面上测设出来,中线测量包括管道转点桩及交点桩测设、转角测量、里程桩和加桩的标定等。中线测量方法和道路中线测量方法基本相同,在此不再重复。由于管道的方向一般用弯头来改变,故不需要测设圆曲线。

根据纵断面图上的管道埋深、纵坡设计、横断面图上的中线两侧的地形起伏,可计算出管道施工的土方量。接下来,重点介绍管道工程的施工测量。

管道工程施工测量的主要任务是根据设计图纸的要求,为施工测设各种标志,使施工技术人员便于随时掌握中线方向和高程位置。

管道施工一般在地面以下进行,并且管道种类繁多,例如给水、排水、天然气、输油管等。在城市建设中,尤其城镇工业区管道更是上下穿插、纵横交错组成管道网,如果管道施工测量稍有误差,将会导致管道互相干扰,给施工造成困难,因此施工测量在管道施工中的作用尤为突出。

11.5.1　管道工程测量的准备工作

(1)熟悉设计图纸资料,包括管道平面图、纵横断面图、标准横断面和附属构筑物图,弄清管线布置及工艺设计和施工安装要求。

(2)勘察施工现场情况,了解设计管线走向,以及管线沿途已有平面和高程控制点分布情况。

(3)根据管道平面图和已有控制点,并结合实际地形,找出有关的施测数据及其相互关系,并绘制施测草图。

(4)根据管道在生产上的不同要求、工程性质、所在位置和管道种类等因素,以确定施测精度。如厂区内部管道比外部要求精度高,不开槽施工比开槽施工测量精度要求高,无压力的管道比有压力的管道要求精度高。

11.5.2 管道放线测设

11.5.2.1 恢复中线

管道中线测量中所钉的中线桩、交点桩等,到施工时难免有部分碰动或丢失,为了保证中线位置准确可靠,施工前应根据设计的定线条件进行复核,并将丢失和碰动的桩重新恢复。在恢复中线的同时,一般均将管道附属构筑物(涵洞、检查井)的位置同时测出。

11.5.2.2 测设施工控制桩

在施工时,中线上各桩要被挖掉,为了便于恢复中线和附属构筑物的位置,应在不受施工干扰、引测方便、易于保存桩位的地方测设施工控制桩。施工控制桩分为中线控制桩和附属构筑物控制桩两种。

11.5.2.3 测设中线方向控制桩

施测时,一般以管道中心线桩为准,在各段中线的延长线上钉设控制桩。若管道直线段较长,也可在中线一侧的管槽边线外测设一条与中线平行的轴线桩,各桩间距以 20 m 为宜,作为恢复中线和控制中线的依据。

11.5.2.4 测设附属构筑物控制桩

以定位时标定的附属构筑物位置为准,在垂直于中线的方向上钉两个控制桩,如图 11-21 所示。

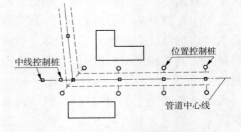

11.5.3 槽口放线

槽口放线是根据管径大小、埋设深度和土质情况决定管槽开挖宽度,并在地面上钉设边桩,沿边桩拉线撒出灰线,作为开挖的边界线。

图 11-21 测设附属构筑物控制桩

由横断面设计图查得左右两侧边桩与中心桩的水平距离,如图 11-22 中的 a 和 b,施测时在中心桩处插立方向架测出横断面位置,在断面方向上,用皮尺抬平量定 A、B 两点位置各钉立一个边桩。相邻断面同侧边桩的连线,即为开挖边线,用石灰放出灰线,作开挖的界限。如图 11-23 所示,当地面平坦时,开挖槽口宽度也可采用下式计算:

$$D_z = D_y = \frac{b}{2} + mh \tag{11-31}$$

式中　D_z、D_y——管道中桩至左、右边桩的距离;

　　　b——槽底宽度;

　　　m——边坡坡度;

　　　h——挖土深度。

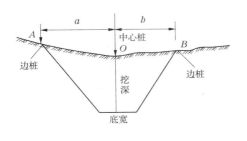

图 11-22　横断面设计图

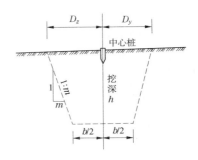

图 11-23　开挖边线

11.5.4　地下管道施工测量

管道施工中的测量工作,主要是控制管道的中线和高程位置。因此,在开槽前后应设置控制管道中线和高程位置的施工标志,用来按设计要求进行施工。现介绍两种常用的方法。

11.5.4.1　龙门板法

龙门板由坡度板和高程板组成。

管道施工中的测量任务主要是控制管道中线设计位置和管底设计高程。因此,需要设置坡度板。如图 11-24(a)所示,坡度板跨槽设置,间隔一般为 10 ~ 20 m,编写板号。当槽深在 2.5 m 以上时,应待开挖至距槽底 2 m 左右时再埋设在槽内,如图 11-24(b)所示。坡度板应埋设牢固,板面要保持水平。

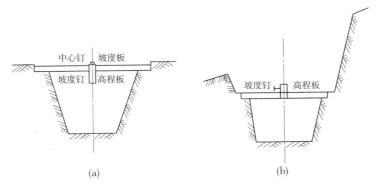

图 11-24　坡度板跨槽设置

坡度板设好后,根据中线控制桩,用经纬仪把管道中心线投测至坡度板上,钉上中心钉,并标上里程桩号。施工时,用中心钉的连线可方便地检查和控制管道的中心线。再用水准仪测出坡度板顶面高程,板顶高程与该处管道设计高程之差即为板顶往下开挖的深度。由于地面有起伏,因此由各坡度板顶向下开挖的深度都不一致,对施工中掌握管底的高程和坡度都不方便。为此,需在坡度板上中线一侧设置坡度立板,称为高程板。在高程板侧面测设一坡度钉,使各坡度板上坡度钉的连线平行于管道设计坡度线,并距离槽底设

计高程为一整分米数,称为下返数。施工时,利用这条线可方便地检查和控制管道的高程和坡度。高差调整数计算如下式

$$高差调整数 = (管底设计高程 + 下返数) - 坡度板顶高程 \qquad (11\text{-}32)$$

调整数为" + "时,表示至板顶向上改正;调整数为" – "时,表示至板顶向下改正。

按上述要求,最终形成如图 11-25 的管道施工所常用的龙门板。

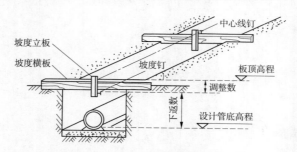

图 11-25 管道施工常用的龙门板

11.5.4.2 平行轴腰桩法

当现场条件不便采用坡度板时,对精度要求较低的管道,可采用平行轴腰桩法来测设坡度控制桩,其方法如下:

(1)测设平行轴线桩。开工前首先在中线一侧或两侧,测设一排平行轴线桩(管槽边线之外),平行轴线桩与管道中心线相距 a ,各桩间距约为 20 m。检查井位置也相应地在平行轴线上设桩。

(2)钉腰桩。为了比较精确地控制管道中心和高程,在槽坡上(距槽底约 1 m)再钉一排与平行轴线相应的平行轴线桩,使其与管道中心的间距为 b ,这样的桩称为腰桩,如图 11-26 所示。

(3)引测腰桩高程。腰桩钉好后,用水准仪测出各腰桩的高程,腰桩高程与该处对应的管道设计高程之差 h ,即是下返数。施工时,由各腰桩的 b 、h 来控制埋设管道的中线和高程。

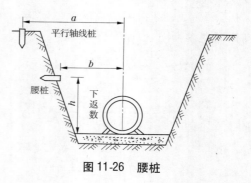

图 11-26 腰桩

任务 11.6 道路施工测量实训

11.6.1 目的

学会路线中线测量、路线断面测绘。

11.6.2　仪器工具

全站仪 1 套,水准仪 1 套,皮尺 1 把,记录本。

11.6.3　步骤

(1)外业作业过程如下:首先,在校园内选择一块区域,开始测带状地形图,在线路走向方向测地形图,找特征点立镜测量。注意:在测量的过程中要同步画地形草图,便于我们回到室内用 CASS 成图。在室内,首先通过数据线将仪器里的数据文件传输到电脑里,之后利用 CASS 软件结合草图绘制数字地形图,并在地形图上进行线路中线设计。

(2)利用全站仪现场放样中线,在控制点上架设仪器,对中整平后按 Power 按钮开机,进入屏幕菜单,选择放样功能,将控制点坐标、后视点坐标输入。输入待放点的坐标并回车。仪器会自动计算与控制点的距离和连线的方位角,屏幕上会显示放样的精度,若偏差过大,按照屏幕上提示后的移动方向和距离,指挥拿棱镜的同学做相应的移动,直到满足精度要求。精度满足后,拿棱镜的同学不动,由另一名同学将其位置定出来,并做上标记,便于下一步的测量。我们放样的主要里程点,直线上的点,以及 ZY(直圆点)、QZ(曲中点)、YZ(圆直点),主要里程点放样出来后,目视一下曲线的情况,以检验设计的正确与否。

(3)断面测量在选定线路上用标杆定线,用卷尺量距每十米打一桩,按规定的编号方法编号,并在坡度变化处打加桩。如果利用学院控制点不需要进行基平测量,如果没有使用学院控制点先进行基平测量,再进行中平测量。测量方法参照三、四等水准测量和普通水准测量。

(4)纵横断面图绘制参考任务 3 断面绘制方法绘制路线纵横断面图并在 CASS 软件下绘制出路线纵横断面图。

11.6.4　注意事项

(1)爱护仪器工具。
(2)要正确进行仪器操作,记录工整规范。
(3)要仔细读数,测量成果要符合精度要求。

11.6.5　记录计算

以里程桩为横坐标,比例尺为 1:1 000,以高程为纵坐标,比例尺为 1:100,在毫米方格纸上绘出纵断面图。纵断面图包括桩号、填挖土高度、地面高程设计高度、坡度与距离、填挖数、直线与曲线。

习题与作业

1.路线里程桩的桩号和编号各指什么?　在中线的哪些地方应设置中桩?

2.路线纵断面测量有哪些内容?

3.横断面测量的任务是什么?

项目12　建筑物变形观测与竣工测量

在测量工程的实践和科学研究活动中,变形监测占有重要的地位。工程建筑物的兴建,从施工开始到竣工,以及建成后整个运营期间都要不断地监测,以便掌握变形的情况,及时发现问题,保证工程建筑的安全。人类开发自然资源的活动会破坏地壳上部的平衡,造成地面变形。这种变形需要长期监测,以便采取措施控制其发展,保证人类正常的生产和生活。例如,在人口密集的地区大量抽取地下水造成地面沉陷,地面不均匀沉陷会引起建筑物和工业设施的损坏。地下采矿引起矿体上方岩层的移动,严重的会造成地面滑坡和塌方,危及人民生命财产的安全,需要监测。近年来,人们开始在城市下面、工业设施和交通干线下面、水体下面采矿。这些对变形监测都提出了更高的要求。地壳中的应力长期积累造成地震,严重危及人类的生存,监测地壳的变形是预报地震的重要手段。

变形监测按其研究的范围可分为三类:全球性的、区域性的和局部性的。全球性的变形监测主要是研究地极移动、地球旋转速度的变化以及地壳板块的运动。由于地球内部物质分布的变化,导致了转动惯性矩的变化,进而改变了地球自转的速度和地极的位置。区域性的变形监测,用以研究地壳板块范围内的变形状态和板块交界处地壳的相对运动。前者一般由定期复测国家控制网的资料获得,后者要建立专用监测网,监测板块相对运动在其交界处造成的地壳变形。随着 GNSS 技术的发展,近年来,很多国家和地区都建立了GNSS 连续监测网,用于研究区域性变形。局部性的变形监测主要是研究工程建筑物的沉陷、水平位移、挠度和倾斜,滑坡体的滑动以及采矿、采油和抽地下水等人为因素造成的局部地壳变形。

任务 12.1　建筑物变形观测

12.1.1　概述

建筑物变形观测有实用和科学两方面的意义。实用上的意义主要是检查各种工程建筑物和地质构造的稳定性,及时发现问题,以便采取措施。科学上的意义包括更好地理解变形的机制,验证有关工程设计的理论和地壳运动的假说,以及建立正确的预报变形的理论和方法。总的说来,变形监测的目的是要获得变形体变形的空间状态和时间特性,同时还要解释变形的原因。对于前一个目的,相应的变形监测数据处理任务成为了变形的几何分析;对于后一个目的,相应的任务成为了变形的物理解释。

12.1.2 垂直位移观测

建筑物及其地基在垂直方向上发生的位置变动称为垂直位移,其表现形式主要是建筑物的沉陷,因此垂直位移观测又称为沉陷观测或沉降观测。为测定建筑物的沉降,必须在最能反映建筑物沉降的位置上设置观测点,采用水准测量方法从邻近的水准点引测观测点高程。邻近的水准点称为工作基点,工作基点的稳定性必须通过远离建筑物的水准基点进行检测。

12.1.2.1 观测点的布设

设置沉降观测点,应选择能够反映建筑物沉降变形特征和变形明显的部位。观测点应有足够的数量和代表性,点位应避开障碍物,标志应牢固地和建筑物结合在一起,以便于观测和长期保存。

工业与民用建筑物沉降观测点,通常应在房屋四角、中点、转角处,以及外墙周边每隔 10 ~ 15 m 布设一点。另外,在最易产生变形的地方,如柱子基础、伸缩缝两侧、新旧建筑物接壤处、不同结构建筑物分界处等都应该设置观测点。烟囱、水塔及大型储藏罐等高耸构筑物基础轴线的对称部位,应设置观测点。观测点的标志有两种形式:一种是埋设在墙上,用钢带制成,如图 12-1 所示;另一种是埋设在基础底板上,用铆钉制成,如图 12-2 所示。

大坝沉降观测点的布设随着坝型的不同而不同。对于土石坝,观测点应布设在坝面上,一般与坝轴线平行,在坝顶、上下游坝面正常水位以上、下游坝面正常水位变化区和浸水区,各应埋设一排观测点,并保证每一排在合龙段、泄水底孔处、坝基地质不良以及坝底地形变化较大处都有观测点,观测点的间距一般为 30 ~ 50 m。土石坝的沉降观测点往往与水平位移观测点合二为一,因此应埋设混凝土标石,如图 12-3 所示(图中" + "为水平位移观测标志,圆标芯为垂直位移观测标志)。

大型桥梁的沉降观测点,也往往与水平位移观测点合二为一,分上、下游两排分别布设在桥墩、台顶面两端位置上。

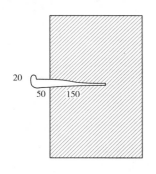

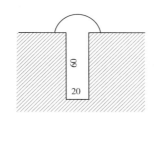

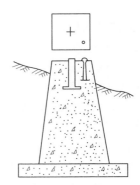

图 12-1 墙体 （单位:mm） 图 12-2 墙基或坝基 （单位:mm） 图 12-3 土石坝

12.1.2.2 水准点的布设

1. 水准基点的布设

水准基点是垂直位移观测的基准点,必须远离建筑物,布设在沉陷影响范围之外、地基坚实稳固且便于引测的地方。对于水利枢纽地带,水准基点应埋设在坝址下游且离坝址较远河流两岸的坚固基岩上。当覆盖层很厚时，应采用钻孔穿过土层和风化层到达基岩，埋设钢管标志，如图12-4所示。为了互相检核是否有变动，一般应埋设三个以上水准基点。

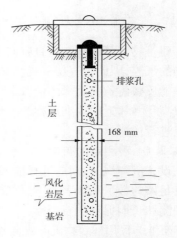

图 12-4 钢管标

2. 工作基点的布设

工作基点是直接测定沉降观测点的依据，它应该比较接近建筑物，但亦应避开建筑物的沉陷范围。一般采用地表岩石标；当地表土层较厚时，可采用普通埋石方法，但标石的基座应适当加大。对于大坝和桥梁的变形观测，通常在每排观测点的延长线上，即在大坝或桥梁两端的山坡上，选择地基坚固的地方埋设工作基点。

12.1.2.3 垂直位移观测

1. 工作基点的校测

进行垂直位移观测前，首先应校测工作基点的高程。校测时，水准基点与工作基点一般应构成水准环线，按一等或二等水准测量的要求施测。一等水准环线闭合差应不超过 $\pm 2\sqrt{L}$ mm（L 为环线长，以 km 计）；二等水准环线闭合差应不超过 $\pm 4\sqrt{L}$ mm。

2. 工业与民用建筑物的沉降观测

工业与民用建筑物的沉降观测，一般在建筑物主体开工前，即进行第一次观测；主体施工过程中，荷重增加前后（如基础浇筑，砖墙每砌筑一层楼，安装柱子、房架、吊车梁等）均应进行观测；当基础附近地面荷重突然增加或周围有大量挖方等情况时亦应观测；工程竣工后，一般每月观测一次，如果沉降速度减缓，可改为 2～3 个月观测一次。

对于多层建筑物的沉降观测，可采用 DS_3 型水准仪用三、四等水准测量方法进行。对于高层建筑物的沉降观测，则应采用 DS_1 型水准仪，用二等水准测量方法进行。为了保证水准测量的精度，每次观测前，对所使用的仪器和设备，应进行检验校正。观测时视线长度一般不得超过 50 m，前、后视距离要尽可能相等，视线高度应不低于 0.3 m。

3. 大坝的沉降观测

土石坝的沉降观测，在基础完工后进行第一次观测；坝体每砌高一定高度均应观测；坝体完工、水库储水前每季度观测一次；水库储水期间每月观测一次；水库储水后 2～3 年，每季度观测一次；正常运转期间每半年观测一次；洪水前后增加观测次数。

土石坝沉降观测，一般采用三等水准测量方法施测。观测时应由工作基点出发，测定各观测点的高程，再附合到另一工作基点上，也可以往返施测或构成闭合环线。

4. 桥梁的沉降观测

桥梁的沉降观测，在桥墩、台完工后即进行第一次观测；承重结构安装完毕进行第二次观测，以后的观测时间和次数视变形速率的情况决定。但遇洪水、船只碰撞时，应及时观测。

桥梁的沉降观测，一般按二等水准测量的精度，采用"跨墩水准测量"的方法施测。

同样由工作基点出发,测定各观测点的高程,再附合到另一工作基点上。所谓跨墩水准测量,即把仪器设站于桥墩上,而观测后、前两个相邻的桥墩。

12.1.3　水平位移观测

建筑物在水平方向上发生的位置变动称为水平位移,其产生往往与不均匀沉降以及横向受力等因素有关。水平位移观测在大坝、桥梁等建筑物的变形观测中有着重要意义。水平位移观测的方法很多,常用的方法有基准线法和前方交会法。基准线法适用于直线型的建筑物,如直线型大坝和桥梁等;前方交会法适用于其他形式的建筑物。按照提供基准线的方式不同,基准线法又分为视准线法、激光准直法、引张线法等。下面以大坝为例介绍视准线法观测的作业方法。

12.1.3.1　观测原理

如图 12-5 所示,在坝端两岸山坡上设置固定工作基点 A 和 B,在坝面上沿 AB 方向设置观测点 a、b、c、d 等。将经纬仪安置在 A 点,照准另一基点 B,构成视准线(基准线),测定各观测点相对于视准线的垂直距离 l_{a0}、l_{b0}、l_{c0}、l_{d0};相隔一段时间后,又安置仪器于 A 点,照准点 B 点,测得各观测点相对于视准线的距离 l_{a1}、l_{b1}、l_{c1}、l_{d1},则前后两次测得距离的差值,如 a 点的差值 $\delta_{a1} = l_{a1} - l_{a0}$,即为两次观测时段内,$a$ 点在垂直于视准线方向的水平位移值。同理可算得其他各点的水平位移值。一般规定,水平位移值向下游为正,向上游为负。

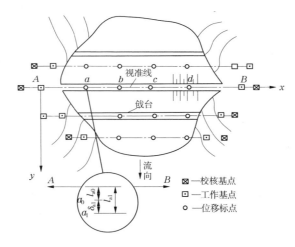

图 12-5　视准线法观测原理

12.1.3.2　点位布设

大坝水平位移观测点的布设,通常是在上游最高水位以上的坡面上布设观测点一排;坝顶靠下游坝肩上布设一排;下游坡面上布设一到三排。每排内各观测点的间距为 50 ~ 100 m,但在地质条件薄弱等部位应增加观测点。各排观测点应与坝轴线平行。为掌握大坝横断面情况,各排对应观测点都应在同一横断面上。

工作基点设置在各排观测点延长线两端的山坡上;为校核工作基点的稳定性,工作基点外应另设置校核基点。在工作基点及校核基点上,一般应建造具有强制对中设备的钢筋混凝土观测墩,用于安置仪器和专用的固定觇标,如图 12-6 所示。

观测点的标墩应与坝体连接,其顶部也应埋设强制对中设备,用于安置专用的活动觇标。图 12-7 所示为觇牌式的活动觇标,其上装有微动螺旋和游标,可使觇牌在基座的分划尺上左右移动,利用游标读数。

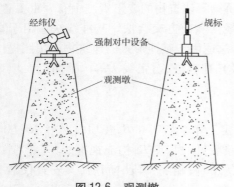

图 12-6 观测墩

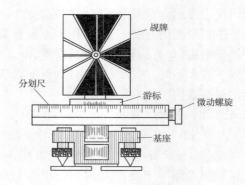

图 12-7 活动觇牌

12.1.3.3 观测方法

如图 12-5 所示,在工作基点 A 安置经纬仪,B 点安置固定觇标;在观测点 a 安置活动觇标,使觇牌的零刻线对准观测点的中心标志。用经纬仪照准 B 点上的固定觇标作为视准线,俯仰望远镜照准 a 点,并指挥觇标员移动觇标,直至十字丝纵丝照准觇牌中心纵线。然后由觇标员在觇牌上读取读数。转动觇牌微动螺旋重新照准,再次读数,如此共进行 3 次,取读数的平均值作为上半测回的观测结果。倒转望远镜,按上述方法做下半测回的观测,取上下两半测回的平均值作为一测回的观测结果。一般观测 2 ~ 3 测回,测回差不得大于 3 mm。

12.1.4 倾斜观测

由于不规则沉降及外力作用(如风荷、地下水抽取、地震等),建筑物将会产生倾斜变化。测定建筑物倾斜变化的工作称为倾斜观测。建筑物的倾斜度一般用倾斜率 i 来表达。如图 12-8 所示,按设计要求,B 点与 A 点应位于同一铅垂线上,由于建筑物倾斜,B 点移至 B' 点,即相对于 A 点移动了一段距离 d,设建筑物的高度为 h,则

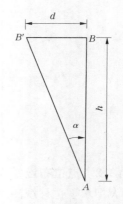

$$i = \tan\alpha = d/h \qquad (12\text{-}1)$$

式中 α——倾斜角。

图 12-8 倾斜率

建筑物的高度 h 可通过直接丈量或三角测量的方法求得,只要测得相对水平位移量 d,即可确定建筑物的倾斜率 i。因此,倾斜观测所要讨论的主要问题是测定 d 的方法。下面分别介绍一般建筑物和塔式建筑物的倾斜观测方法。

12.1.4.1　一般建筑物的倾斜观测

如图 12-9 所示,在互相垂直的两个方向上距建筑物约 1.5 倍建筑物高度处安置经纬仪,分别照准观测点 B,用正倒镜分中法向下投点得 A 点(两个位置投点方向线的交点),做好标志。隔一定时间后再次观测,仍以两架经纬仪照准 B 点(由于建筑物倾斜,B 点已偏移),向下投点得 A' 点。显然 AA' 间的水平距离即为前后两次间隔时段内的水平位移量 d,根据建筑物的高度 h,即求得建筑物的倾斜率 i。

12.1.4.2　塔式建筑物的倾斜观测

塔式建筑物倾斜观测的方法很多,常用的方法是前方交会法。下面以烟囱为例说明观测方法。如图 12-10 所示(俯视图),P' 为烟囱顶部中心位置,P 为烟囱底部中心位置。在烟囱附近布设基线 AB,A、B 应选在地基稳定且能长期保存的地方,条件困难时也可选在附近稳定的建筑物顶面上。AB 的长度一般不大于 5 倍的建筑物高度,交会角应尽量接近 $60°$。首先安置经纬仪于 A 点,测定烟囱顶部两侧切线与基线的夹角,取其平均值,如图中的 α_1;再安置经纬仪于 B 点,测定烟囱顶部两侧切线与基线的夹角,取其平均值,如图中的 β_1。利用前方交会公式计算出 P' 的坐标。同法可得 P 点的坐标。则 P'、P 两点间的平距 $D_{PP'}$(可由坐标反算求得)即为水平位移量 d,根据烟囱高度 h,同样由式(12-1)即求得烟囱的倾斜率 i。

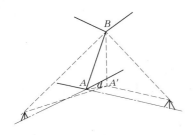

图 12-9　一般建筑物的倾斜观测

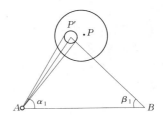

图 12-10　塔式建筑物的倾斜观测

12.1.5　裂缝观测

测定建筑物上裂缝发展情况的观测称裂缝观测。建筑物产生裂缝往往与不均匀沉降有关,因此在进行裂缝观测的同时,一般需要进行建筑物的沉降观测,以便进行综合分析和采取相应的措施。

裂缝观测时,首先应对拟观测的裂缝进行编号,在裂缝两侧设置观测标志,然后定期观测裂缝的位置、走向、长度、宽度和深度。

对标志设置的基本要求是,当裂缝开裂时标志应能相应地开裂或变化,以能正确地反映裂缝的发展和变化情况。常用的裂缝观测标志有白铁片标志和金属棒标志等。白铁片标志用两块白铁片制成,如图 12-11 所示,一片为 $150 \text{ mm} \times 150 \text{ mm}$ 的正方形,固定在裂缝的一侧,并使其一边和裂缝边缘对齐;另一片为 $50 \text{ mm} \times 200 \text{ mm}$ 的长方形,固定在裂缝的另一侧,并使其紧贴在正方形的铁片上。当两块铁片固定好之后,在其表面涂上红漆,如果裂缝继续发展,两块铁片将会拉开,正方形铁片上将会露出没有涂漆的部分,其宽度即为裂缝开裂的宽度,可用尺子量出。

金属棒标志通常用两钢筋头制成。如图 12-12 所示,将长约 100 mm,直径约 10 mm 的钢筋头插入墙体,并使其露出墙外约 20 mm,用水泥砂浆填灌牢固。待水泥砂浆凝固后,用游标卡尺量出两钢筋头标志间的距离,并记录下来。以后若裂缝继续发展,则金属棒的间距也就不断加大。定期测定两棒的间距 d 并进行比较,即可掌握裂缝发展情况。

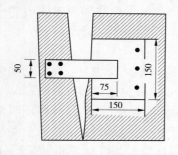

图 12-11　白铁片标志　（单位:mm）

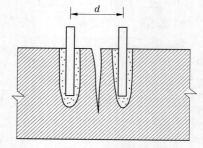

图 12-12　金属棒标志

12.1.6　变形观测的资料整理

变形观测后,应对观测资料进行全面检查、整理,并对有关资料做出必要的几何解释,以便找出变形与各种因素的关系,以及变形的发展规律。资料整理的主要内容是按时间顺序逐点统计观测数据,并绘制变形过程曲线或变形分布图。

12.1.6.1　观测数据统计

观测数据的统计一般以表格形式做出,其统计内容包括观测点点名、观测时间、建筑物荷载、变形观测值及累计变形值等。表 12-1 是对某建筑物沉降观测所做出的统计,表中列举了两个观测点观测结果。

表 12-1　沉降观测成果表

观测日期 （年-月-日）	荷载 （t/m²）	观测点					
		1			2		
		高程 （m）	本次沉降 （mm）	累计沉降 （mm）	高程 （m）	本次沉降 （mm）	累计沉降 （mm）
2002-02-15	0	93.667	0	0	93.683	0	0
03-01	4.0	93.664	3	3	93.681	2	2
03-15	6.0	93.662	2	5	93.679	2	4
04-10	8.0	93.660	2	7	93.677	2	6
05-05	10.0	93.659	1	8	93.675	2	8
06-05	12.0	93.658	1	9	93.673	2	10
07-05	12.0	93.657	1	10	93.671	2	12
09-05	12.0	93.656	1	11	93.670	1	13
11-05	12.0	93.656	0	11	93.669	1	14
2003-01-05	12.0	93.656	0	11	93.668	1	15
03-05	12.0	93.655	1	12	93.667	1	16
05-05	12.0	93.654	0	12	93.667	0	16

12.1.6.2　变形过程曲线

变形过程曲线是表示观测点所处位置建筑物的变形与时间、荷载之间关系的曲线,它能直观地反映建筑物各个部位的变形规律。图 12-13 所示是对表 12-1 的统计结果所作出的沉陷变形过程曲线。

12.1.6.3　变形分布图

常见的变形分布图有沉降等值线图和变形值剖面分布图两种。

沉降等值线图是以等值线表达建筑物沉降变形情况的图,它可以从整体上反映建筑物的沉降变形规律。图 12-14 是对某大坝绘出的沉降等值线图,同一曲线上各点都具有相同的沉降值。

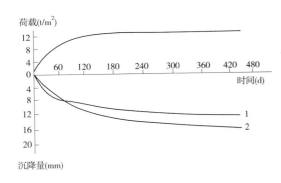

图 12-13　某建筑物沉陷变形过程曲线

图 12-14　某大坝沉降等值线图

变形值剖面分布图常用来表达建筑物在某一剖面(断面)水平位移的分布情况。图 12-15 是对某大坝某一断面(和坝轴线垂直)不同高程面上 6 个观测点作出的水平位移分布图,从图中可以明显看出大坝水平位移和库容之间的关系。

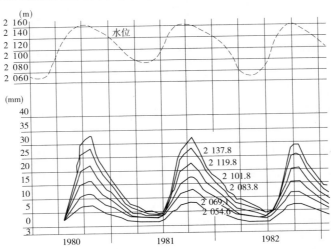

图 12-15　大坝某断面水平位移分布图

任务 12.2　竣工测量

建筑物竣工测量主要是为验证建筑物与《建设工程规划许可证》规定的一致性,为建筑物竣工验收提供依据,同时,也为以后进行城市基本图的动态更新积累基础资料,应依据总平面规划图、《建设工程规划许可证》、施工图进行测量。

12.2.1　竣工测量一般特性

建筑竣工测量控制点可对原建筑规划放线控制点进行检核,如误差在《控制测量规范》(GB 50026—2007)范围许可内,则直接采用该数据,如果由于时间因素、地面沉降因素造成控制点误差偏大,则需要对控制点重新复核测量平差。

竣工测量要素包含一般地形图测量要素,此外,竣工测量因其特殊性还需对建筑高度、室内外高差、管线走向及标高等进行细致测量。

12.2.2　竣工测量

建筑竣工测量方法可按照一般地形图测量作业规程进行,建筑竣工测量特殊要求如下:

(1)应现场测定竣工建筑物及周边相关范围内 1/500 或 1/200 数字化地形图,测定建筑物外廓 2 点以上的坐标并标注或在附注栏说明。

(2)竣工平面图原则上应采用 1954 年北京坐标系、1985 国家高程基准,或 1956 年黄海高程系统,标注图廓西南角或坐标格网的坐标值,并在附注栏说明。

(3)应在竣工图上标注建筑物的详细细部尺寸。

(4)应对应《建设工程规划许可证》四址要求在竣工图上标明现状建筑物的四址情况。

(5)用地界址、道路红线、邻近建筑物及管线等有关系的均应标明,并标明界址、道路红线、中心线相关数据,说明资料来源。

(6)应标明建筑层数(如有变化,应区别表示)、建筑高度(总高度、女儿墙或檐口高度和特殊部位高度应分别标示)。层高不一致的应予以分层说明,高度测量对同一高度测定不同位置不少于两次取平均值。

(7)应标明建筑物占地面积(为首层建筑物外轮廓占地面积),以及建筑物坐标朝向角。

(8)应测定建筑物室内地坪标高和住宅部分首层室内地坪标高。

(9)应对应《建设工程规划许可证》四址要求和高度要求与实际不一致的,应复测,查明原因,在测量手簿中说明。

12.2.3　质量控制检查与归档成果

质量控制主要分为野外测量质量控制和室内绘图质量控制。野外测量质量控制主要包括仪器操作检查、地物点是否漏测检查、仪器本身是否指标合格、野外草图绘制点混淆检查、测量点点位相对距离误差检查、图根点检查等项，以及项目负责人对野外测量数据总体核查等。室内绘图检查包括小组内绘图员自检、项目负责人复核及单位领导审核三个步骤。具体操作按照公司质量管理体系进行。上交成果主要包括竣工测量图、野外绘制草图及相关记录等。

任务 12.3　建筑物沉降观测实训

12.3.1　目的

监测建筑物在垂直方向上的位移(沉降)，以确保建筑物及其周围环境的安全。建筑物沉降观测应测定建筑物地基的沉降量、沉降差及沉降速度，并计算基础倾斜、局部倾斜、相对弯曲及构件倾斜。

12.3.2　仪器工具

用于垂直位移监测的仪器是：瑞士产徕卡 DNA003 电子水准仪(标称精度为 ±0.3 mm/km)，2 米条形码因瓦水准标尺。外业记录由仪器自动记录存储，观测中超限，应提醒重测，所用测量仪器均经过检定。

12.3.3　步骤

12.3.3.1　建立水准控制网

根据工程的特点布局、现场的环境条件制订测量施测方案，由建设单位提供的水准控制点(或城市精密导线点)根据工程的测量施测方案和布网原则的要求建立水准控制网。

(1)一般高层建筑物周围要布置三个以上水准点，水准点的间距不大于 100 m。

(2)在场区内任何地方架设仪器至少后视到两个水准点，并且场区内各水准点构成闭合图形，以便闭合检校。

(3)各水准点要设在建筑物开挖、地面沉降和震动区范围之外，水准点的埋深要符合二等水准测量的要求(大于 1.5 m)。根据工程特点，建立合理的水准控制网，与基准点联测，平差计算出各水准点的高程。

12.3.3.2　建立固定的观测路线

依据沉降观测点的埋设要求或图纸设计的沉降观测点布点图，确定沉降观测点的位置。在控制点与沉降观测点之间建立固定的观测路线，并在架设仪器站点与转点处做好标记桩，保证各次观测均沿统一路线。

12.3.3.3　观测

根据编制的工程施测方案及确定的观测周期，首次观测应在观测点稳固后及时进行。一般高层建筑物有一层或数层地下结构，首次观测应自基础开始，在基础的纵横轴线上(基础局部)按设计好的位置埋设沉降观测点(临时的)，等临时观测点稳固好，进行首次观测。首次观测的沉降观测点高程值是以后各次观测用以比较的基础，其精度要求非常高，施测时一般用 N_2 或 N_3 级精密水准仪，并且要求每个观测点首次高程应在同期观测两次后决定。随着结构每升高一层,临时观测点移上一层并进行观测直到±0.00,再按规定埋设永久观测点(为便于观测可将永久观测点设于+500 mm)。然后每施工一层就复测一次,直至竣工。

12.3.3.4 平差计算

将各次观测记录整理检查无误后,进行平差计算,求出各次每个观测点的高程值,从而确定出沉降量。

12.3.3.5 统计表汇总

首先建立下沉曲线坐标,横坐标为时间坐标,纵坐标上半部为荷载值,下半部为各沉降观测周期的沉降量。将统计表中各观测点对应的观测周期所测得沉降量画于坐标中,并将相应的荷载值也画于坐标中,连线,就得到对应于荷载值的沉降曲线。

根据沉降量统计表和沉降曲线图,我们可以预测建筑物的沉降趋势,将建筑物的沉降情况及时反馈到有关主管部门,正确地指导施工。特别对在沉陷性较大的地基上,重要建筑物的不均匀沉降的观测显得更为重要。利用沉降曲线还可计算出因地基不均匀沉降引起的建筑物倾斜度:$q = | \Delta C_m - \Delta C_n | / L_{mn}$,$\Delta C_m$、$\Delta C_n$ 分别为 m、n 点的总沉降量,L_{mn} 为 m、n 点的距离。对沉降观测的成果分析,我们还可以找出同一地区类似结构形式建筑物影响其沉降的主要因素,指导施工单位编好施工组织设计对正确指导施工大有裨益,同样也为勘察设计单位提供宝贵的第一手资料,设计出更完善的施工图纸。

12.3.4 注意事项

建筑物施工阶段的观测随施工进度及时进行,一般建筑,可在基础完工后或地下室砌完后开始观测,大型、高层建筑,可在基础垫层或基础底部完成后开始观测。观测次数与间隔时间应视地基与加荷情况而定。民用建筑可每加高 1~5 层观测一次,工业建筑可按不同施工阶段(如:回填基坑、安装柱子和屋架、砌筑墙体、设备安装等)分别进行。如建筑物均匀增高,应至少在增加荷载的 25%、50%、75% 和 100% 时各测一次。施工过程中如暂时停工,在停工时及重新开工时应各观测一次,停工期间,可每隔 2~3 个月观测一次。

建筑物使用阶段的观测应考虑:①建筑物使用阶段的观测次数应视地基土类型和沉降速度大小而定,除有特殊要求者外,一般情况下,可在第一年观测 3~4 次,第二年观测 2~3 次,第三年后每年 1 次,直至稳定。观测期限规定:砂土地基 2 年,膨胀土地基 3 年,黏土地基 5 年,软土地基 10 年。②在观测过程中,如有基础附近地面荷载突然变化、基础四周大量积水、长时间连续降雨,均应及时增加观测次数。③当建筑物突然发生大量沉降、不均匀沉降或严重裂缝时,应立即进行逐日或几天一次的连续观测。

建筑物沉降是否进入稳定阶段,由沉降量与时间关系曲线判定,对重点观测和科研观测工程,若最后三个周期观测中,每周期沉降量不大于 $2\sqrt{2}$ 倍测量中误差可认为进入稳定阶段,一般观测工程,若沉降速度小于 0.01~0.04 mm/d,可认为进入稳定阶段。

每次观测应记录施工进度、荷载的增加量、建筑物倾斜裂缝等各种影响沉降变化和异常的情况。每周期观测后,应及时对观测资料进行整理,计算观测点的沉降量、沉降差以及本周期平均沉降量和沉降速度。如需要还要计算变形特征值。

12.3.5　记录计算

观测工作结束后,应提交下列成果:沉降观测成果表,沉降观测点分布图及各周期沉降展开图,$v \sim t \sim s$(沉降速度、时间、沉降量)曲线图,$p \sim t \sim s$(荷载、时间、沉降量)曲线图,建筑物等沉降曲线图,沉降观测分析报告。

习题与作业

1. 什么是工程建筑物的变形? 对工程建筑物进行变形监测的意义何在?

2. 建筑物变形主要内容包括哪些?

3. 建筑物变形监测周期一般是如何确定的?

4. 什么是竣工测量? 其一般特性包含哪些?

参考文献

[1] 汪荣林,罗琳. 建筑工程测量[M]. 北京:北京理工大学出版社,2009.

[2] 孔德志. 工程测量[M]. 郑州:黄河水利出版社,2007.

[3] 覃辉. 建筑工程测量[M]. 北京:中国建筑出版社,2007.

[4] 李青岳,陈永奇. 工程测量学[M]. 北京:测绘出版社,2002.

[5] 张正禄,等. 工程测量学[M]. 武昌:武汉大学出版社,2005.

[6] 魏静,王德利. 建筑工程测量[M]. 北京:高等教育出版社,2004.

[7] 何保喜. 全站仪测量技术[M]. 郑州:黄河水利出版社,2005.

[8] 牛志宏. 控制测量技术[M]. 武汉:武汉理工大学出版社,2012.

[9] 李井永. 建筑工程测量[M]. 武汉:武汉理工大学出版社,2012.

[10] 左美蓉. GPS 测量技术[M]. 武汉:武汉理工大学出版社2012.

[11] 冷超群. 建筑工程测量[M]. 南京:南京大学出版社,2013.